Copyright © 2022 José Ruiz Watzeck

Tutti i diritti riservati

Nessuna parte di questo libro può essere riprodotta o archiviata in un sistema di recupero né trasmessa in qualsivoglia forma o mediante qualsiasi mezzo, elettronico, meccanico, tramite fotocopie o registrazioni o in altro modo, senza l'autorizzazione scritta esplicita dell'editore.

Autore della copertina: WATZECK HOME STUDIUS DIGITAL

Stampato negli Stati Uniti d'America

LA STORIA DELL'ASTRONOMIA

Dalla preistoria al XX secolo

Versione italiana

JOSE RUIZ WATZECK

INTRODUZIONE

L'astronomia è la più antica delle scienze. Le scoperte archeologiche hanno fornito prove di osservazioni astronomiche tra i popoli preistorici. Sin dai tempi antichi, il cielo è stato utilizzato come mappa, calendario e orologio. I documenti astronomici più antichi risalgono al 3000 aC circa e sono dovuti a cinesi, babilonesi, assiri ed egiziani. A quel tempo, le stelle venivano studiate per scopi pratici, come misurare il passare del tempo (calendari), prevedere il momento migliore per la semina e il raccolto, o per scopi più legati all'astrologia, come fare previsioni sul futuro, che credevano che gli dei del cielo avevano il potere del raccolto, della pioggia e persino della vita.

Studiando siti megalitici come quelli di Callanish in Scozia, il circolo di Stonehenge in Inghilterra, databili dal 2500 al 1700 a.C. C., e gli allineamenti di Carnac in Bretagna, astronomi e archeologi hanno concluso che gli allineamenti e i cerchi servivano come punti di riferimento indicanti riferimenti. e punti importanti sull'orizzonte, come le posizioni estreme del sorgere e del tramontare del Sole e della Luna, durante tutto l'anno. Questi monumenti megalitici sono autentici osservatori per prevedere le eclissi nell'età della pietra.

A Stonehenge ogni pietra pesa in media 26 tonnellate. e il viale principale che corre dal centro del monumento indica il luogo dove sorge il sole nel giorno più lungo dell'estate. In questa struttura, alcune pietre sono allineate con l'alba e il tramonto all'inizio dell'estate e dell'inverno. I Maya dell'America centrale conoscevano anche il calendario e i fenomeni celesti, ei polinesiani impararono a navigare attraverso le osservazioni celesti.

RIEPILOGO

ASTRONOMIA NELLA PREISTORIA

ASTRONOMIA ANTICA

ERATOSTENE DI CIRENE - PRIMA DETERMINAZIONE DELLE DIMENSIONI DELLA TERRA

TOLOMEO

L'ASTRONOMIA NEL MEDIOEVO

L'ASTRONOMIA EUROPEA NEL MEDIOEVO

I GRANDI PRECURSORI DELLA STORIA

Tyci Brahe

JOHANNES KEPLER

GALILEO GALILEI

Isacco Newton

Alberto Einstein

Nicola Tesla

ASTRONOMIA NELLA PREISTORIA

Fin dall'inizio, l'uomo ha sempre guardato il cielo, chiedendosi cosa c'è nel cosmo? Da dove vengono gli dei nei loro carri? Come raggiungere le stelle? Domande che non hanno mai avuto risposta.All'inizio delle prime civiltà, di notte, attorno al falò che proteggeva le società primitive, i primi umani videro l'esistenza di punti luminosi nel cielo e ne interrogarono l'origine e il significato. Per secoli, queste minuscole candele cosmiche hanno ispirato poeti e visionari, che hanno visto in loro uno stato onirico e il desiderio di realizzare la grazia divina.

La storia dell'Astronomia è strettamente legata alla storia dell'Homo Sapiens, in quanto specie capace di strutturare società e creare la propria conoscenza sulla base delle informazioni ottenute dalle sue generazioni.

Secoli prima dell'invenzione della scrittura, il cielo era un'importante risorsa culturale tra le civiltà primitive di tutto il mondo. Anni dopo, esploratori e mercanti navali furono guidati dalle stelle, comunità agricole, furono orientati dal cielo all'inizio della semina e del raccolto, sciamani e guaritori, attribuirono eventi celesti a movimenti ciclici, che associarono a entità divine, iniziando al pratiche di culto ai fenomeni naturali, come l'eclissi lunare e solare.

Attraverso l'archeologia si è fatto più evidente il culto degli oggetti celesti in varie civiltà, grazie a questi studi è stato possibile ritrovare maschere con attributi al sole e alla luna, abitudini presenti oggi nelle comunità tribali.

Spirito lunare degli Inuit. Il bordo attorno alla maschera rappresenta l'aria, i bordi rappresentano i livelli del cosmo e le piume rappresentano le stelle. In questa cultura artica, la Luna fornisce la maggior parte della luce durante i mesi invernali e quindi figura in primo piano nella loro cultura. Credito: Hoskins, 1997

Le civiltà preistoriche avrebbero appreso una cultura semiscientifica che avrebbe portato alla previsione di determinati eventi? Nell'Europa antica ci sono rovine di opere megalitiche, risalenti a 3.000.000 di anni prima di Cristo. Questi monumenti sono in perfetto allineamento con le stelle, indicando un grande interesse per l'astronomia in quel momento.

L'astronomo britannico Sir Joseph Norman Lockyer, nato il 17 maggio 1836 e morto il 16 agosto 1920, avanzò la seguente tesi:

Foto di Sir Norman Lockyer/Internet

> Da parte mia, ritengo ora del tutto inequivocabile che i nostri antichi monumenti siano stati costruiti per segnare i luoghi di sorgere e tramontare di certi corpi celesti.

I tipi di allineamenti menzionati da Lockyer sono evidenti in diversi monumenti megalitici, il più importante dei quali è Stonehenge.

Situato nella pianura di Salisbury, nella contea del Wiltshire, vicino a Londra, il santuario intorno a mezzogiorno del solstizio è forse la più grande manifestazione dell'astronomia dei nostri antenati. Non probabile, nonostante la comprovata accuratezza con certe effemeridi.[1] eventi astronomici, che Stonehenge funse da osservatorio astronomico, nel senso corrente del termine, essendo più probabile che fosse un luogo di culto per riti pagani legati a queste stesse effemeridi. L'asse di allineamento di Stonehenge è verso l'alba al solstizio d'inverno e verso il tramonto al solstizio d'estate.

Stonehenge. Credito: Hoskins, 1997

Le caratteristiche megalitiche di questo tipo sono comuni in Gran Bretagna, con i cerchi esterni costituiti da 28 pietre che rappresentano la lunghezza del ciclo lunare. La figura seguente rappresenta una ricostruzione di Stonehenge, considerata come un cerchio di pietre strutturato in modo standard.

Ricostruzione di come doveva essere Stonehenge nel
secondo millennio a.C. Credito: Nord, 1994

In Portogallo esiste un monumento megalitico di questo tipo, vicino a Évora: il Cromlech de los Almendres

Cromlech degli Almendros.

Il Crómlech de los Almendros è il più grande impianto neolitico della penisola iberica, con 92 menhir[2] parzialmente lavorato, formando cerchi e allineamenti legati alle effemeridi

JOSÉ RUIZ WATZECK

astronomiche.

COSTELLAZIONI

Guardare il cielo fin dalla tenera età poneva la questione della sua organizzazione, infatti, l'esigenza dell'uomo di organizzare e catalogare le informazioni è evidente nella nostra vita quotidiana in quasi tutti i campi di attività. Quando entriamo in un negozio di abbigliamento, ad esempio, se siamo in un settore di pantaloni sociali, non troveremo costumi da bagno o bikini. Proprio come le mappe sono state create per orientarci a livello del suolo, l'uomo ha creato carte celesti per orientarsi attraverso i cieli. In questi grafici, le costellazioni equivalgono ai paesi su una mappa e le stelle equivalgono alle persone.

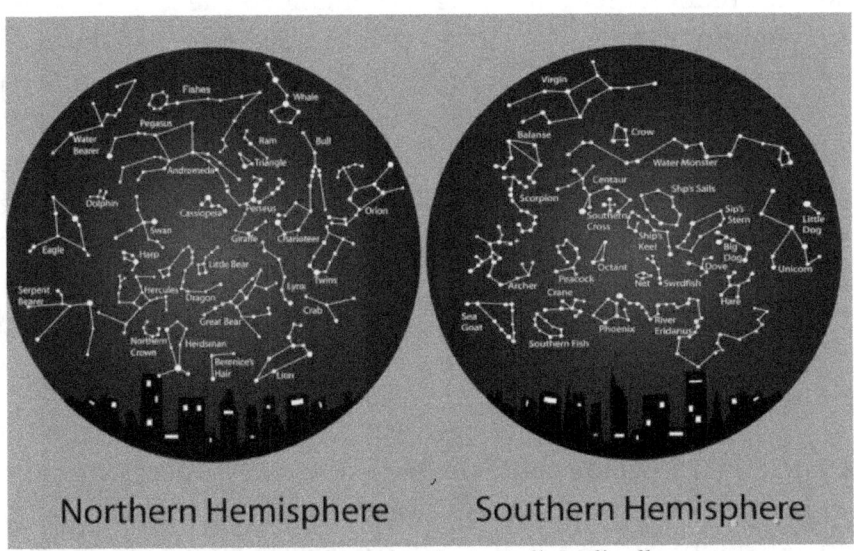

Costellazioni dell'emisfero settentrionale. A - Le linee di collegamento che permettono la costruzione di figure immaginarie

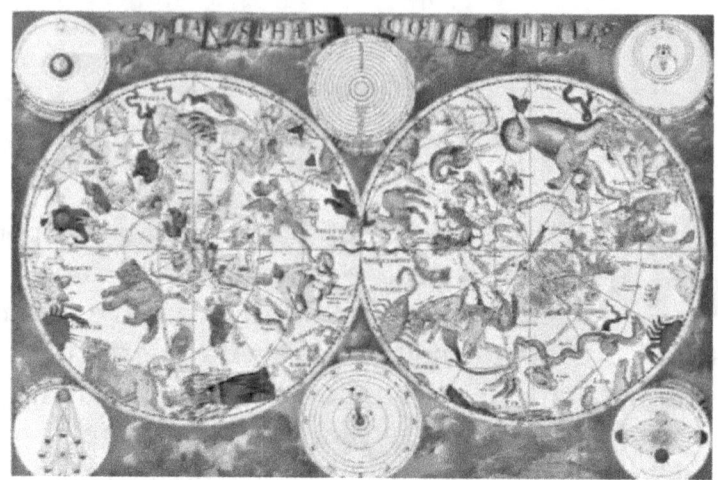

B - Anticamente si attribuivano addirittura forme tridimensionali attorno alle tracce dell'unione

Le costellazioni sono modelli che gli esseri umani hanno registrato dalla distribuzione casuale delle stelle visibili nel cielo. Rappresentano la proiezione di figure o immagini con rilevanza sociale, tecnologica o mitologica per coloro che le hanno inventate nel tempo in cui vivevano. Originariamente riflettevano una credenza superstiziosa secondo cui i cieli contenevano entità o divinità che nel passato, nel presente o nel futuro potevano influenzare il destino umano. Questa credenza è mantenuta ancora oggi con una strana adesione popolare all'astrologia. Le stelle di una data costellazione non hanno alcuna relazione fisica tra loro e possono essere trovate a distanze completamente diverse dalla Terra. Per gli astronomi di oggi, le costellazioni sono aiuti alla memoria,

Il nostro approccio considererà principalmente le costellazioni occidentali; tuttavia, non va dimenticato che oltre a questi esistono diversi modi tradizionali di definire le costellazioni. Ad esempio, le carte celesti cinesi contenevano 28 case lunari e 122 raggruppamenti di costellazioni. Gli indiani delle Ande avevano una serie di nomi di costellazioni, così come i navigatori polinesiani.

Ci furono audaci tentativi di ridisegnare l'intero cielo: per esempio, Julius Schiller nel suo Coelum Stellatum Christianum..., pubblicato ad Augusta nel 1627, cercò di sostituire i simboli pagani ai santi cristiani, basati sugli stessi raggruppamenti di stelle.

La versione attuale delle costellazioni iniziò ad essere tracciata da Tolomeo, che compilò le credenze precedenti alla loro esistenza nel primo vero catalogo di stelle, l'Almagesto. Si dice spesso che tutti i nomi delle stelle tradizionali come "Aldebaran" o "Betelgeuse" siano di origine araba, ma questa è una semplificazione eccessiva della questione, in quanto i nomi delle stelle hanno numerose origini linguistiche, con i nomi delle stelle dell'emisfero australe . , come "Acrux", è attribuito in età moderna. Il catalogo di Tolomeo conteneva 48 costellazioni, comprese le più famose e spettacolari come Orione.[3], il Toro, Pegaso, tra gli altri.

Nel corso del tempo, le costellazioni sono state illustrate in vari manoscritti, in particolare manoscritti arabi. Nel 1482 apparve la prima edizione del Poeticon Astronomicon di Caius Julius Hyginus, il primo libro a contenere rappresentazioni stampate delle costellazioni più importanti.

Da allora sono stati scritti numerosi libri dedicati alla descrizione e alla rappresentazione delle costellazioni.

Per un astrofisico la costellazione è una regione contenuta entro limiti definiti secondo l'ascensione retta e la declinazione riscontrate nell'area in cui gli antichi immaginavano le figure che davano il nome alla costellazione.

Concezione delle costellazioni. Anticamente attribuivano alle costellazioni nomi tratti dalla loro vita quotidiana o dalla loro immaginazione. Oggi sarebbe possibile immaginare oggetti. A - Centauro; B - Sagittario.

ASTRONOMIA ANTICA

In Medio Oriente e in Europa, dDai suoi inizi fino alla fine del XVII secolo, la scienza astronomica aveva due obiettivi in comune. Il primo obiettivo sono stati i movimenti planetari, si è osservato che questi non erano casuali, ma prevedibili e regolari, permettendo una previsione con grande accuratezza.

Questo obiettivo è stato creato dai Greci, assegnando le prime misure dalla civiltà babilonese.

Quando Alessandro Magno invase la Persia nel IV secolo a.C., i due modi di studiare il cielo si fusero.

La città di Babilonia, situata sulla riva sinistra del fiume Eufrate, 70 km a sud della moderna città di Baghdad, fu, durante un periodo chiamato Antica Babilonia (secondo vari storici, dal 1830-1531 a.C.), governata dagli Hamumurabi . dinastia.

A causa delle guerre dell'epoca, Babilonia fu invasa e dominata dagli Ittiti per un breve periodo, prima di essere conquistata dalla civiltà cassita e infine ci fu un lungo periodo di supremazia assira. In questo lasso di tempo, nel 612 a.C., avvennero l'annientamento di Ninive e la distruzione della Grande Biblioteca. Dopo la sua indipendenza, Babilonia divenne una civiltà sotto il dominio dei Persiani, finché nel 331 aC fu presa da Alessandro Magno, e da quel momento le due civiltà furono strettamente legate.

Le tavolette di pietra che ci sono pervenute da allora sono più importanti per la storia della matematica che per la storia dell'astronomia. Tuttavia, presentano una tecnica fondamentale per l'ulteriore sviluppo dell'astronomia, nell'uso di una notazione numerica efficiente.

Per scrivere il numero 1, lo scriba babilonese premeva lo scalpello verticalmente sulla pietra per comporre 10, premi inclina. Le combinazioni di questi due segni sono state utilizzate fino al numero 59, tuttavia, per il numero 60, è stato nuovamente utilizzato il simbolo 1.

Dopo molti anni fu introdotto un simbolo per il numero zero, i calcoli effettuati dai babilonesi permisero la realizzazione di addizioni, divisioni ed equazioni che i loro concetti sono utilizzati fino ad oggi. L'attuale suddivisione dell'ora in 60 minuti composta da 60 secondi, e l'analoga divisione degli angoli, riflettono questa notazione babilonese.

I primi osservatori celesti in Babilonia sono spesso confusi con gli astrologi nel senso greco del termine, che significa, dal punto di vista degli studiosi, conseguenze dirette e inevitabili per le persone, come dedurre le configurazioni dei corpi celesti. Tuttavia, questa visione non è corretta. I babilonesi erano molto attenti a qualsiasi fenomeno o accadimento naturale nei diversi ambiti del sapere, cercando di prevederli, per evitare possibili disastri da essi derivati.

Parte di una tavoletta babilonese di Sippar, costruita nell'870 a.C. C., ora al British Museum. Un testo vicino evoca il restauro di un'antica immagine del dio-sole Shamash.

Oltre settemila interpretazioni di strani fenomeni (presagi), accumulate nel corso degli anni, registrate su 70 tavolette di pietra, conosciute con le loro prime parole come; Enuma Anu Enlil[4], la sua versione finale fu completata intorno al 900 a.C.

Il corpo celeste più citato in Enuma è la luna; il calendario babilonese era lunare, per questo popolo il satellite naturale della Terra era di grande importanza.

Avendo i mesi lunari intorno ai 28 giorni, il calendario culturale, determinato dall'anno solare, aveva dai dodici ai tredici mesi. Per molto tempo i babilonesi dovettero apportare modifiche, ma intorno al V secolo a.C. C. scoprì che 235 mesi lunari erano esattamente 19 anni solari. Così, hanno iniziato ad alternare regolarmente 7 mesi ogni 19 anni.

Il calendario lunare babilonese fu il primo ad essere suddiviso in quattro periodi corrispondenti alle quattro fasi lunari. Questa divisione in periodi di sette giorni ha dato origine alle settimane come le conosciamo oggi. Infatti, come si può vedere nella Tabella 1, il nome dei giorni della settimana deriva dal nome dell'oggetto celeste adorato ogni giorno a Babilonia.

MESOPOTANIA	INGLESE	FRANCESE	SPAGNOLO
giorno della luna	Lunedi	lundi	lune
giorno di marte	Martedì	Martedì	Marte
giorno di mercurio	Mercoledì	Mercedes	Mercoledì
giorno di Giove	Giovedì	jeudi	giovani ragazzi
giorno di Venere	Venerdì	Vendredi	Venerdì
giorno di saturno	Sabato	samedi	Sabato
Domenica	Domenica	dimanche	Domenica

I babilonesi verificarono che il sole, nel suo percorso apparente rispetto al cielo di fondo, non manteneva una velocità costante. Durante la metà dell'anno, la velocità del sole aumenta costantemente fino a raggiungere un massimo, e durante l'altra metà dell'anno diminuisce fino a raggiungere un minimo.

Poiché non disponevano degli strumenti matematici che consentissero loro di analizzare completamente il moto, ipotizzarono che durante la metà dell'anno la velocità fosse in costante aumento e durante l'altra metà fosse in costante diminuzione, come mostrato nella figura sottostante.

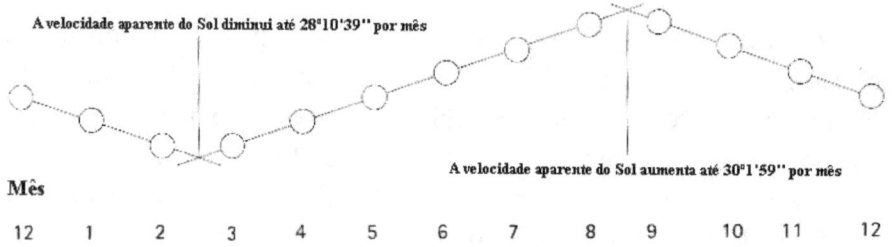

Una rappresentazione in termini moderni dei dati presentati su una tavola datata 133/132 aC. c.

Non è possibile dire che gli astronomi babilonesi avessero un modello dell'universo. Quello che sa è che trasferirono ai Greci le loro conoscenze matematiche, relative al tempo e alle distanze angolari. Strumenti necessari che mancavano ai Greci, per trasformare le loro cosmologie speculative in modelli geometrici, dai quali si potessero determinare con grande precisione le effemeridi.

Gli egizi avevano un sistema di mondi profondamente mitologico. Avevano però nozioni osservative molto concrete e corrette; verificarono infatti che il cielo aveva un movimento apparente intorno al polo nord celeste. A causa della precessione dell'asse terrestre, la stella polare fu chiamata "Thuban", nella costellazione del Dragone.

Per la costruzione delle piramidi era fondamentale trovare l'allineamento verso Nord, poiché una delle facce doveva essere perfettamente rivolta verso questa coordinata. I faraoni, con l'aiuto di una sacerdotessa e di schiavi, allinearono i pali a nord, indicando l'Orsa Maggiore (che a quel tempo erano "Phecda" e

"Megrez" e non "Dubhe" e "Merak"). L'allineamento ottenuto è stato poi utilizzato per costruire le parti laterali della piramide, perpendicolari a dove dovrebbero trovarsi i vertici meridionale e settentrionale.

La dea egizia Nut (il firmamento) sorretta dal dio Shu e separata dal suo amante (la Terra).

L'allineamento delle piramidi fu fatto dal faraone con l'aiuto dell'alta sacerdotessa.

Durante la costruzione della piramide, le facce est e ovest furono prima allineate e le facce sud e nord furono allineate perpendicolarmente alla prima.

Il fatto che la trasmissione della conoscenza sia empirica, e non aggiornata, fa sì che le piramidi d'Egitto, oltre ad avere lievi sfasamenti rispetto al Nord vero, abbiano sfalsamenti diversi da piramide a piramide poiché l'asse terrestre le ha precedute.

Le prime osservazioni dell'antica Grecia sono meglio conosciute dall'insieme di leggende e miti, che ci sono stati presentati fino ad oggi, che dall'esistenza di documenti scritti.

I greci, infatti, osservavano la maggior parte dei moti apparenti del cielo e li documentavano in modo talvolta non scientifico. Tuttavia, senza ombra di dubbio, rigorosi in termini di osservazioni da loro effettuate.

Le modalità con cui le osservazioni venivano documentate non erano molto rigorose, non si può dimenticare che eravamo nella fase del mito, in cui le entità divine erano la spiegazione dell'inspiegabile, alla luce delle attuali conoscenze. Così, tutte le osservazioni che non avevano alcuna spiegazione secondo le loro conoscenze, hanno dato origine a "romanzi", in cui i protagonisti erano gli dei, essendo l'insieme di questi "romanzi" una spiegazione di natura apparentemente inspiegabile, costituendo ciò che viene poi descritto come chiamata mitologia greca.

Diamo un'occhiata a un esempio di come è stata documentata una scoperta osservativa. Già in Mesopotamia, Egitto e Grecia Antica si sapeva che la sfera celeste ruotava attorno al Polo Nord Celeste, con alcune stelle che, alla loro latitudine, non scomparivano mai, come le stelle che compongono le costellazioni dell'Orsa Maggiore. e il Piccolo Carro. Si dice che queste stelle siano circumpolari.[5], poiché sono abbastanza vicini al Polo Celeste perché ciò avvenga.

Moto apparente delle stelle attorno al Polo Celeste. Nell'emisfero settentrionale il movimento avviene in direzione diretta e nell'emisfero meridionale in direzione retrograda.

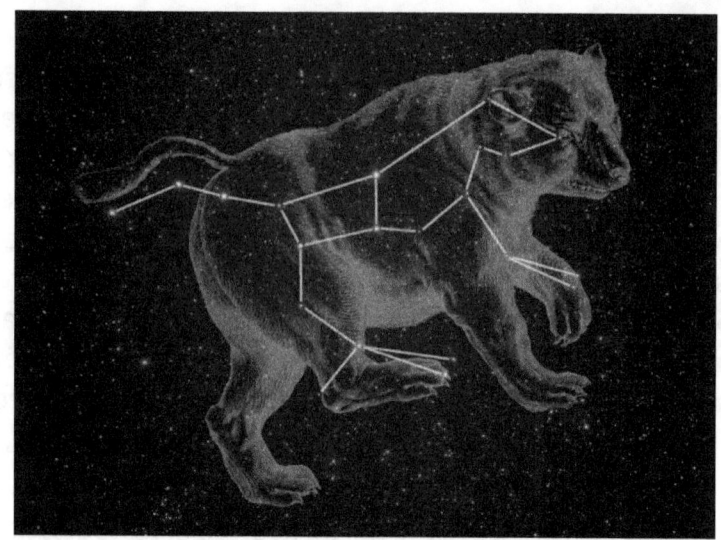
Costellazione dell'Orsa Maggiore.

Possiamo vedere che i greci avevano l'idea che gli "orsi" fossero circumpolari da uno dei romanzi mitologici creati da loro su queste costellazioni. L'Orsa Maggiore ha un gran numero di varianti mitologiche, con un minimo di quattro nella sola mitologia greco-romana.[6]

Secondo la leggenda, Zeus (il dio degli dei) era un grande flirt e si innamorò molto facilmente degli umani. Grazie alla sua capacità di adottare qualsiasi aspetto gli sembrasse giusto, li ha subito affascinati e affascinati. Così accadde che Zeus fosse il padre di Ercole, tra le altre "storie" mitologiche.

La dea Hera, moglie di Zeus, che era completamente scontenta di questi continui tradimenti, fece promettere a Zeus che non l'avrebbe più ingannata, ma, dopo un po', Zeus incontrò un meraviglioso essere umano di nome Callisto, figlia del re Licaone d'Arcadia. ., essendosi innamorato di lei, la sua passione ha portato a una figlia. Alla scoperta di questa nuova infedeltà, Era ne fu completamente posseduta e, non potendo punire Zeus, trasformò i due umani, madre e figlia, in orsi.

Dopo un po' Zeus scoprì cosa aveva fatto Era. Scontento di ciò che aveva provocato e poiché gli dei non potevano annullare le punizioni di altri dei, pose i due orsi trasformati in stelle nel cielo, in un luogo che passasse allo zenit per tutto l'anno.

Quando Hera si rese conto di questo fatto, si infuriò e applicò una nuova punizione ai due orsi, dicendo: "Rimangono in paradiso, ma sono stati sporchi per tutta l'eternità, perché non si laveranno mai", e li mise al loro posto. dove sono oggi

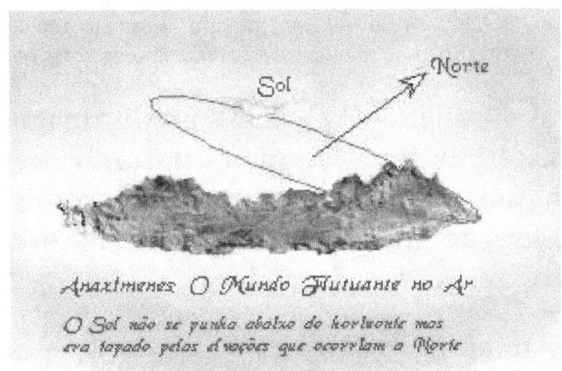

Il mondo di Anassimene.

Infatti, alle nostre latitudini, se guardiamo il mare, gli "Orsi" sembrano ruotare attorno alla Stella Polare, senza mai entrare in acqua, come dicevano i Greci.

Questa leggenda di grande rigore osservativo è valida alle latitudini della Grecia e di Roma. Come vedremo in seguito, la stella polare si abbassa man mano che ci avviciniamo all'equatore e non ci sono stelle circumpolari a questa latitudine. Ma i greci non sono mai andati a latitudini così basse, quindi era difficile per loro dirlo.

La prima visione del mondo avrà ovviamente ipotizzato una realtà locale, cioè che la Terra sarebbe stata piatta.

I primi cosmologi greci conosciuti da documenti scritti provengono dalla prospera isola greca di Ionia. Anassimene suggerì che il Sole non fosse tramontato, ma fosse coperto solo da aree più alte a nord. Naturalmente, questo non spiegava perché ci fosse una notte buia.

Le stelle e il Sole sono masse di fuoco intrappolate che ci raggiungono solo attraverso "sfiati" nella volta celeste.

Talete di Mileto[7] (625-c.547 aC), immaginava che ci fosse un'unità materiale tra i fenomeni naturali che trascendeva ciò che gli occhi non potevano contemplare, secondo lui, questa unità materiale sarebbe stata garantita dalla natura, un'energia che superava tutto ciò che la circondava.

Anassimandro[8] (610-c.545 a.C.), sempre da Mileto, cercò di spiegare la forma degli astri, "come continuamente trasportati all'infinito e successivamente, mantenendo la Terra, che secondo lui aveva forma cilindrica, dove, in un piccola parte degli uomini vivevano stabilmente nella stessa posizione rispetto all'Universo". Nella sua concezione, l'universo appariva al di là della Terra, costituito dal fuoco che raggiungeva il pianeta attraverso i fori della sfera celeste, costituendo le stelle e il sole. La sfera celeste ruotava costantemente ogni 24 ore.

Sebbene il suo modello cosmologico avesse evidenti limiti, esso rappresentava un salto in avanti rispetto ai modelli mitologici precedentemente sviluppati, poiché sostituiva i miti con una legge naturale impersonale.

Empedocle[9] spiegherebbe i giorni e le notti attraverso il modello della doppia sfera. "Una sfera interna era luminosa, in una metà era trasparente, nell'altra metà faceva un cerchio ogni 24 ore. L'altra sfera conteneva il firmamento visibile di notte e che ruotava una volta ogni 365 giorni.

I Pitagorici, invece, cercavano di creare relazioni geometriche, aritmetiche e persino armoniche che spiegassero i fenomeni. Stabilirono relazioni tra numeri astratti e fenomeni naturali, avendo generalizzato il concetto che il numero sarebbe stato la base di tutte le cose. Questi stessi pitagorici hanno compiuto un'impresa notevole nella storia del riconoscimento della natura, che sta assumendo la sfericità della Terra. Non si conoscono gli argomenti su cui si basava, ma la prova data poi da Aristotele, è che "L'ombra della Terra sulla Luna durante le eclissi è sempre circolare è convincente".

I Pitagorici introdussero anche l'idea del Cosmo, come insieme ordinato di armoniche e armonie, che governava tutti i corpi celesti. Questa intuizione che l'Universo dovrebbe essere armonioso doveva essere una delle principali forze trainanti nell'astronomia rinascimentale.

Platone[10] e Aristotele[11] furono il secondo e il terzo grande filosofo di una scuola iniziata da Socrate ad Atene. Socrate, pur non lasciando nulla di scritto, fu immortalato nei Dialoghi di Platone. Aristotele, d'altra parte, ha scritto molto e un gran numero dei suoi scritti è sopravvissuto fino ad oggi.

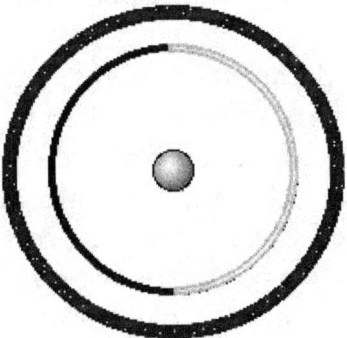

O sistema da Dupla Esfera de Empédocles

Sebbene sia Platone che Aristotele concordassero con l'esistenza di un cosmo ordinato, Platone credeva, contrariamente ad Aristotele, che le risposte che avrebbero spiegato questo ordine potessero venire solo dal ragionamento matematico.

Fino ad Aristotele, i filosofi avevano trovato in natura due coppie contrastanti; freddo e caldo, secco e umido.

Visione aristotelica della terra.

Secondo Aristotele, i corpi freddi e secchi erano per lo più terra, il freddo e l'umido erano per lo più acqua, il caldo e l'umido erano aria, e il caldo e il secco erano aria. La Terra era per lo più terraferma con uno strato esterno di acqua (i mari), sopra il quale c'era un sottile strato di aria (l'atmosfera). Sopra l'atmosfera c'era uno strato di fuoco che termina poco prima della Luna.

All'interno di questa regione - che costituiva il mondo terrestre o sublunare - c'era la vita, la morte e la mutabilità. Ogni corpo aveva un luogo naturale - altezza o distanza dal centro della Terra - che era associato alla proporzione in cui i quattro elementi entravano nella sua composizione. Se non viene impedito, qualsiasi corpo continuerebbe in linea retta, definita dal centro della Terra, al suo posto naturale.

Per Aristotele c'era una differenza fondamentale tra la

regione terrestre e quella celeste, tra l'imprecisione e la variabilità che si riscontra nella regione terrestre e la perfezione geometrica che si riscontra negli astri, costituiti da punti o cerchi di luce. Nei cieli non c'era né vita né morte, apparizione e scomparsa, anzi, gli astri mantenevano eternamente il loro moto di traslazione, in un movimento circolare perfettamente uniforme (il problema delle comete fu presto risolto, perché questi corpi, andando e venendo) aveva quindi natura terrestre).

Ma se la stabilità del suo modello della Terra non era in discussione, lo era lo status dei cieli come cosmo in cui prevaleva l'ordine finché le leggi del moto non riuscirono a spiegare le stelle "erranti". Con sette piccole eccezioni, i corpi celesti si muovevano in modo perfettamente razionale, ruotando con estrema regolarità intorno alla Terra, con posizioni fisse, l'uno rispetto all'altro.

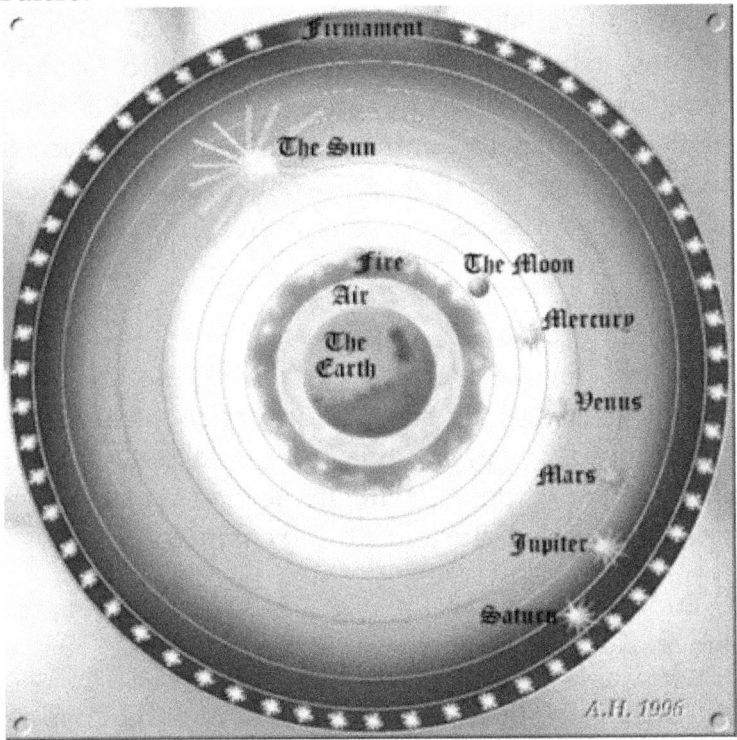

Il Cosmo di Aristotele

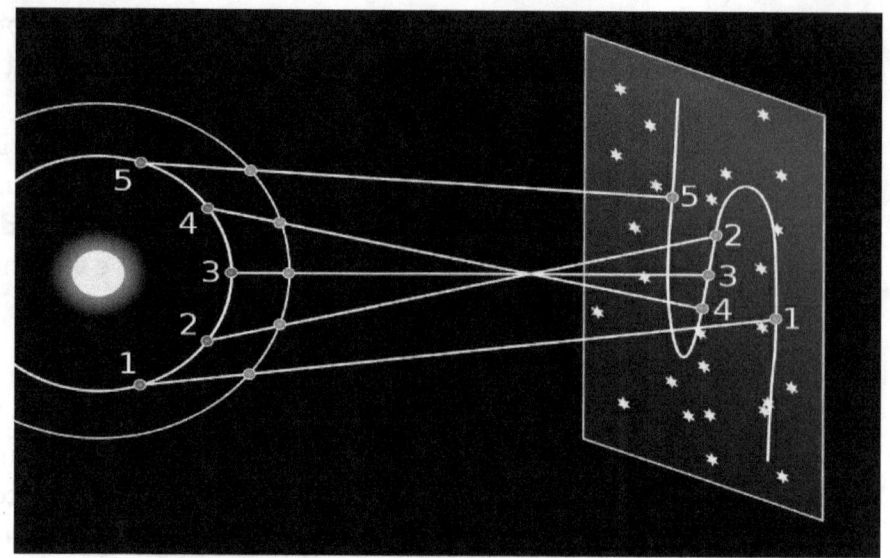

Il fenomeno della retrogradazione per indicare un carattere casuale per il movimento dei camminatori.

Poiché le stelle "erranti" sembrano vagare tra quelle "fisse" di notte in notte durante tutto l'anno, è stato loro dato il nome di pianeti, derivato dal verbo greco equivalente a "vagare". I sette "pianeti" - Sole, Luna, Mercurio, Venere, Marte, Giove e Saturno - si muovevano singolarmente tra le stelle fisse, con velocità diverse e con un movimento che apparentemente sembrava casuale (come si vede nelle retrogradazioni). A quel tempo era stato coniato il termine "erring".

Aristotele ed Eudossio[12] sistemi di mondi proposti, in cui i pianeti ruotavano in sfere concentriche, con il centro delle sfere dato dalla Terra; tuttavia, questo sistema non spiegava né la natura errante delle stelle né le variazioni di velocità che mostravano in relazione allo sfondo cosmico.

Eudosso di Cnidio (400-347 aC) propose geometricamente una spiegazione per la retrogradazione.

Tuttavia, questa spiegazione non corrispondeva alla traiettoria osservata dei pianeti.

Il carattere errante dei pianeti giunse per la prima volta a una descrizione convincente solo nell'opera di Tolomeo.[13] nel II secolo d.C

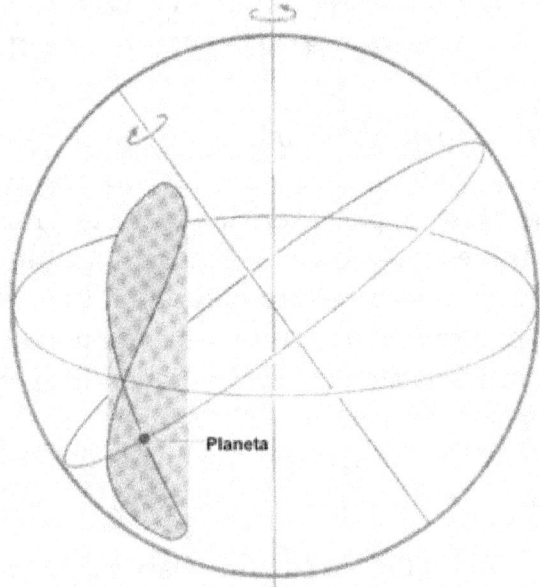

Ippopode della descrizione della rivoluzione di un pianeta.

ERATOSTENE DI CIRENE - PRIMA DETERMINAZIONE DELLE DIMENSIONI DELLA TERRA

Erastostene nacque a Cirene, nell'odierna Libia, nel 276 a.C. Era un astronomo, storico, geografo, filosofo, poeta, critico teatrale e matematico. Studiò ad Alessandria e ad Atene con Zenone e Callimaco. Verso l'anno 255 a. C., fu il terzo direttore della Biblioteca di Alessandria.[14] Ha lavorato con problemi matematici come il raddoppio del cubo, i numeri primi e ha scritto innumerevoli libri, quasi tutti andati perduti nel grande incendio della Biblioteca. Alcuni dei suoi libri sono conosciuti solo attraverso riferimenti nelle opere di altri autori. Pertanto, molti dubitano che certe opere siano davvero sue.

Una volta, leggendo un papiro in Biblioteca, trovò l'informazione che nella città di Siena (l'attuale Assuan), circa 800 km a sud di Alessandria, a mezzogiorno del 21 giugno, solstizio d'estate, poteva osservare se il fondo di un bene è illuminato dal sole, cioè il sole è a piombo. Non ci sono registrazioni dell'autore di questa impresa.

Eratostene ha deciso di scoprire cosa è successo lo stesso giorno dell'anno, ad Alessandria a mezzogiorno solare. Con sua sorpresa, le colonne proiettano ombre dovute all'incidenza dei raggi del sole sugli oggetti, che indicava una deviazione di 7º rispetto alla verticale dell'angolo di incidenza dei raggi del sole.

Perché le ombre dovrebbero essere diverse, nello stesso giorno e alla stessa ora? Eratostene indovinò correttamente la risposta; Poiché la terra è rotonda, se fosse piatta, le ombre sarebbero necessariamente le stesse.

LA STORIA DELL'ASTRONOMIA

eratostene

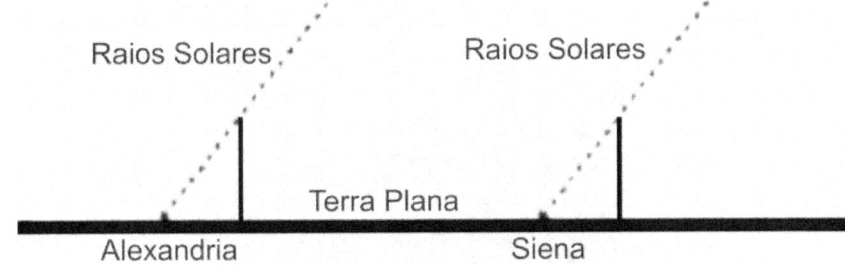

Se la Terra fosse piatta, l'angolo di incidenza dei raggi solari sarebbe lo stesso su tutta la superficie terrestre.

È facile vedere che l'angolo che il raggio di sole fa con la verticale ad Alessandria è esattamente la differenza di latitudine tra Alessandria e Siena.

Secondo la leggenda, che Eratostene avrebbe inviato un suo servitore a misurare la distanza tra Siena ed Alessandria, avrebbe determinato una distanza tra le due città di circa 4900 stadi (ogni stadio corrisponde a circa 190 m).

Assumendo la tesi che la Terra, oltre ad essere rotonda, fosse sferica, Eratostene calcolò che se una differenza di 7º di latitudine corrispondesse a 4900 stadi, allora i 360º del meridiano avrebbero un perimetro di 252.000 stadi, (vi sono autori che sostengono che ha calcolato 250.000 soggiorno).

Un furlong è una misura greca equivalente a 600 piedi greci, indicando che era compresa tra 154 me 215 m, con i valori più probabili compresi tra 155 me 170 m. Per ognuna di queste misurazioni, il valore ottenuto da Erastostene ha un errore inferiore al 10% rispetto al valore reale, questo fatto è notevole, soprattutto se si tiene conto che la distanza è stata misurata passo dopo passo.

Eratostene stimò anche la distanza del Sole a 804.000.000 di stadi e la distanza della Luna a 780.000 stadi. Ha ottenuto questi dati utilizzando i dati ottenuti durante le eclissi lunari.

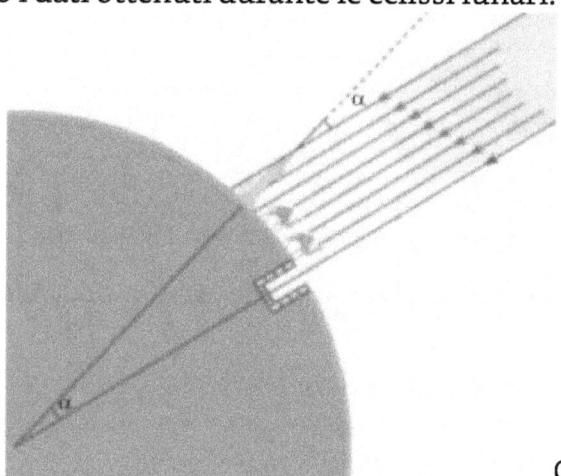

Determinazione di Eratostene.

Tolomeo riferirà poi che Eratostene misurò con grande precisione la deviazione del piano dell'eclittica rispetto all'equatore celeste, ottenendo il valore 11/83 di 180º, che significa 23º 51' 15", che è abbastanza vicino al 23º attualmente accettato. .27'30". Ha anche compilato un catalogo di 675 stelle.

Eratostene sarebbe diventato cieco negli ultimi giorni della sua vita, suicidandosi digiunando nell'anno 194 a.C.

TOLOMEO

Claudio Tolomeo, detto Tolomeo, fu l'ultimo grande astronomo dell'antichità classica. A parte il fatto che visse ad Alessandria e che portava lo stesso nome dei membri della dinastia reale egiziana a cui apparteneva la famosa Cleopatra, non si sa nient'altro della sua vita o personalità, se non che diede grandi contributi alla scienza (non solo all'Astronomia, ma anche alla Matematica e alla Geografia), poiché disegnò la prima mappa del Mediterraneo che fu costruita con misurazioni scientifiche, mostrando anche parte del nord Europa, passando il suo periodo migliore di attività intorno all'anno 150 d.C.

Tolomeo scrisse un libro di grande valore per gli storici della scienza, l'Almagesto, dove compilò un eccellente catalogo di stelle, basandosi sul precedente lavoro svolto dal greco Ipparco (140 aC) e aggiungendovi numerosi contributi personali. Fece anche attente misurazioni dei pianeti e portò il sistema geocentrico a un livello di funzionamento quasi perfetto, tenendo conto delle misurazioni che è possibile effettuare nell'arco di una vita. Non credeva nella rotazione della Terra e non aveva idea della natura delle stelle, ma il suo sistema si adattava ai fatti osservati e si può dire che date le circostanze sarebbe stato impossibile fare di meglio per l'epoca.

Tolomeo (dipinto del XV secolo).

L'Almagesto è considerato da molti la più grande raccolta di conoscenza antica. Ci sono stati vari tentativi di minimizzare l'importanza di Tolomeo, tuttavia molti studiosi di storia dell'astronomia lo hanno soprannominato il "Principe degli astronomi".

Nell'Almagesto, Tolomeo suggerisce un sistema geocentrico di mondi, basato sui concetti di geometria dati da Apollonio di Perge. Il sistema geocentrico risultante è spesso chiamato sistema tolemaico. Questo sistema aveva, per la prima volta, la spiegazione del carattere errante dei pianeti, oltre a spiegare le differenze di velocità tra diversi punti della presunta orbita dei pianeti intorno alla Terra.

Era un sistema estremamente complesso, che combinava movimenti circolari uniformi in combinazioni variabili.

Per spiegare la differenza di velocità rispetto alle stelle sullo sfondo, Ipparco allontanò per la prima volta la Terra dal centro della sfera, occupando una posizione eccentrica. Pertanto, anche se il pianeta descrive un moto circolare uniforme attorno al centro di curvatura, visto dalla Terra, questo movimento rispetto alle stelle sullo sfondo sembrerà avvenire a velocità diverse quando il corpo si trova al perigeo (punto più vicino alla Terra). e al suo apice (punto più lontano dalla Terra).

Il sistema eccentrico spiegava anche le ben note variazioni di luminosità dei pianeti in diversi punti delle loro orbite.

visione geocentrica dell'universo

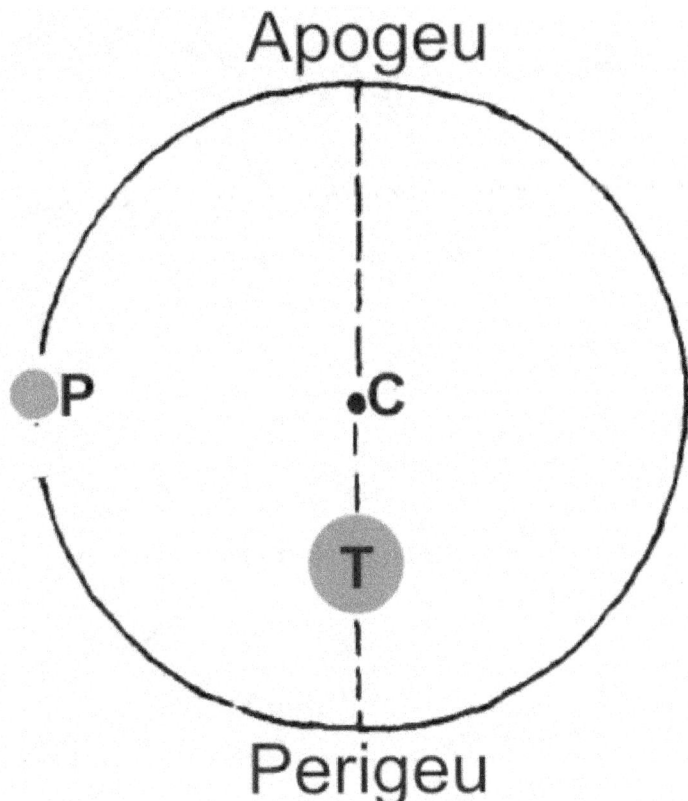

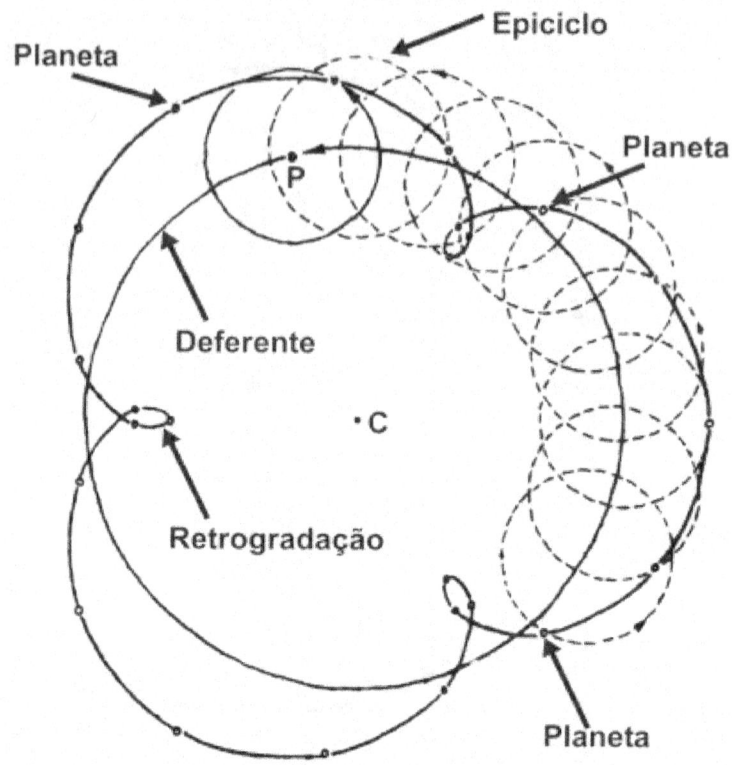

Deferenti ed epicicli nel modello tolemaico. Crediti: Guilherme de Almeida e Máximo Ferreira. 2004".Introduzione all'astronomia e alle osservazioni astronomiche". Banana Editora. ISBN: 9789727702671

Dal punto P si muoveva uniformemente sul cerchio di riferimento o deferente, tuttavia le velocità ottenute non riflettevano ancora chiaramente le velocità dei pianeti, tanto meno le retrogradazioni.

Il punto P era solo un punto immaginario nel vaso attorno al quale era definito l'epiciclo, l'epiciclo era un cerchio centrato sul punto P e sul quale il pianeta descriveva la sua traiettoria, in un moto circolare uniforme. Affinché il movimento del pianeta sia identico a quello dell'osservazione, basterebbe solo adattare le dimensioni dei deferenti e degli epicicli fino ad ottenere la curva adattata alle osservazioni.

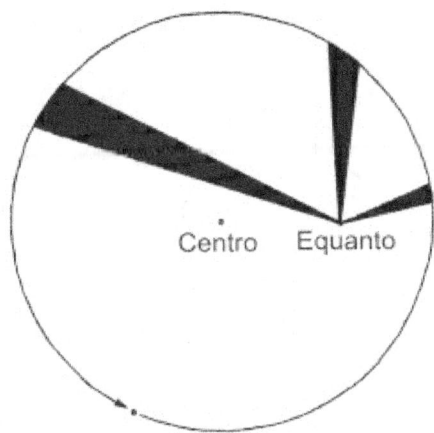

Da un momento all'altro il pianeta descrive angoli uguali in intervalli di tempo uguali.

La Terra non ha bisogno di essere al centro, ma potrebbe occupare una posizione eccentrica. Quando la velocità non poteva essere regolata solo con questi dispositivi, esisteva ancora un punto, detto equante, che era eccentrico e non centrato sulla Terra, che poteva essere l'origine di un movimento uniforme, che analizzava aree uguali in intervalli di tempo uguali..

Chiaramente Tolomeo non si preoccupava della questione se ci fossero "reali" epicicli, deferenti o equanti nei cieli. Si preoccupava infatti di costruire un modello più vicino alla realtà.

L'attitudine a sviluppare un modello che abbia equazioni che si adattino alle osservazioni e che permetta di fare previsioni, anche se il modello sembra matematicamente complesso, niente di diverso da quanto accade oggi con i fisici.

Infatti, ancora oggi, in assenza della possibilità di trovare una soluzione fisica soddisfacente, si cerca un'equazione che si adegui ai fenomeni osservabili e che permetta di fare previsioni.

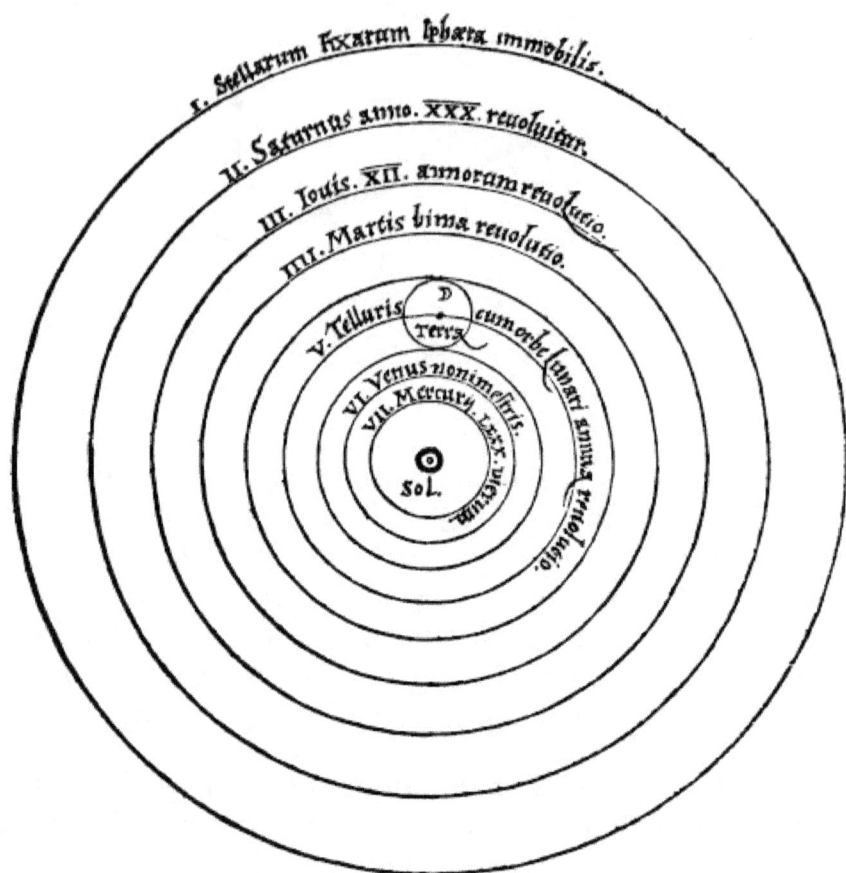

L'ASTRONOMIA NEL MEDIOEVO

La prima scienza astronomica araba...La fede islamica inizia nel 622 dC, quando il profeta Maometto convoca gli arabi alla Mecca per adorare "l'unico vero Dio". A partire da quell'anno, quando Maometto fece conoscere il suo viaggio come "Hijra", l'Islam si diffuse rapidamente attraverso l'Egitto, l'Iraq, il Nord Africa e la Spagna.

Proprio come i cristiani dipendevano dalle stelle per determinare la Pasqua, anche gli arabi dipendevano dalle date astronomiche per definire le loro cinque ore di preghiera quotidiana, per definire la direzione della Mecca e il loro calendario lunare.

Inizialmente, l'astronomia islamica era basata sull'astronomia persiana e indiana, ma nel IX secolo incorporava già l'astronomia greca classica, in particolare le cosmologie di Aristotele e Tolomeo. Tra il IX e il XII secolo sorsero e si svilupparono tre importanti centri dell'astronomia araba.

Il primo è stato nella regione di Baghdad, dove la "Casa della Sapienza" creata dai califfi abbasidi ha incoraggiato lo sviluppo della Scienza come un modo per lodare Allah, avendo istituti in più di un luogo.

Al-Battani nell'850-929, iniziò l'osservatorio di astronomia matematica del primo Tolomeo, mentre alla fine del XIII secolo, l'Osservatorio Maraghah in Iran, fornì la base per i calcoli di Nasir al-Din al-Tusi. . 1201-1274, che fu uno dei grandi matematici delle orbite planetarie nell'Islam.

Tra gli arabi c'era una preoccupazione per la questione

geocentrica, sollevata da Tolomeo e, soprattutto, per la questione dell'equatore. Ibn al-Shatir[15], uno dei grandi astronomi arabi medievali, avrebbe sviluppato un modello che, mantenendo la Terra al centro, conteneva epicicli.

Il secondo centro di ricerca islamico sorse al Cairo, in Egitto, oltre alla mappatura del cielo, il Cairo si distinse per il lavoro intellettuale del più grande fisico ottico islamico, Alhazen[16] (986-1039). Sulla base della conoscenza dell'ottica lasciata da Aristotele e Tolomeo, Alhazen sezionò gli occhi degli animali e sviluppò la teoria della formazione dell'immagine nell'occhio. Alhazen sperimentò le proiezioni per effetto di una camera oscura e con le lenti, studiò anche la rifrazione atmosferica, avendo verificato che i raggi del sole "curvavano" entrando nell'atmosfera, dando origine al crepuscolo quando il sole è ancora a 19º sotto l'orizzonte.

Il terzo centro di ricerca astronomica si trovava nel sud della Spagna. Astronomi come Arzaquel[17] Fecero osservazioni senza precedenti e svilupparono metodi matematici, calcolando le traiettorie dei pianeti, andarono ben oltre i metodi sviluppati dai Greci e da Tolomeo. Una delle preoccupazioni degli arabi era lo sviluppo di modelli matematici per i cieli, che corrispondessero ai movimenti osservati. Il lavoro di osservazione nei tre osservatori nel corso dei secoli è servito ad accumulare determinazioni delle posizioni delle stelle con grande precisione. Questi ci hanno permesso di verificare che le posizioni calcolate con il metodo di Tolomeo contenevano qualche errore.

Per produrre modelli coerenti, era essenziale raccogliere il lavoro svolto dai tre istituti. al sufi[18] (903-986 d.C.) e Ulugh Beg (1394-1449) compilarono cataloghi, mentre Albateguius, Al-Buzjani e altri migliorarono costanti astronomiche come la lunghezza della precessione degli equinozi e l'angolo del percorso in cui orbita il pianeta. Sol. lo zodiaco, forma l'equatore celeste. Gli astronomi arabi crearono modi peculiari di registrare i dati astronomici - gli "Al-manunkh" o almanacchi - la cui struttura è ancora usata oggi. Svilupparono anche l'algebra, fecero importanti progressi nella trigonometria sferica e crearono il sistema di notazione numerica che oggi chiamiamo numeri arabi.

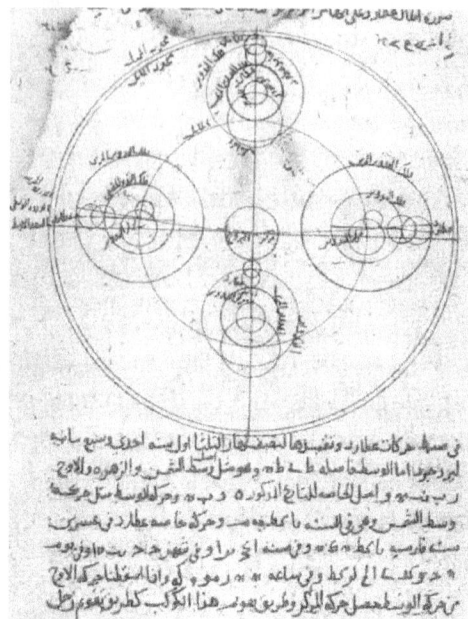

Il modello di rivoluzione lunare di Ibn al-Shatir.

Gli strumenti con cui lavoravano gli arabi erano semplici ma efficaci, sebbene non disponessero di telescopi. La preoccupazione di determinare le posizioni angolari rispetto agli astri costrinse alla creazione di strumenti che permettessero di misurare gli angoli.

Migliorarono l'astrolabio, basato sul modello di Tolomeo, questo strumento astronomico era costituito da lastre di ottone arrotondate, accoppiate ad un goniometro con mirino, che permetteva di misurare le stelle con calcoli più precisi. Una delle innovazioni tecnologiche dell'epoca fu la creazione del sestante, lo strumento più preciso per misurare gli angoli, costruito da Ulugh Beg all'Osservatorio di Samarcanda nel 1420. Con questo strumento era possibile misurare e stabilire la durata dell'anno. , con una precisione estremamente vicina a quella odierna, questione di minuti l'uno dall'altro.

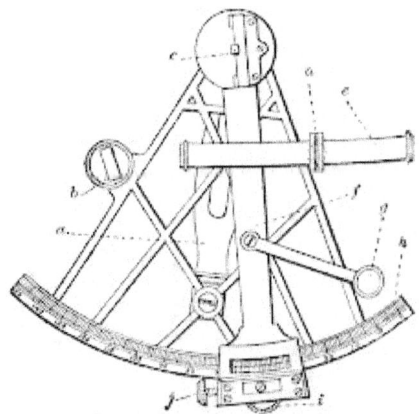
Sestante: riproduzione dell'immagine

Sebbene ci fossero progressi, gli astronomi arabi adottarono il modello del geocentrismo. Non avvaloravano la tesi dell'Universo aristotelico, dove le nove sfere (pianeti) non potevano essere spiegate con la fisica, anche perché gli astri sembravano ruotare intorno alla Terra, e i fenomeni naturali noti come pioggia, spostamento di rocce o venti, dimostrava che la Terra era il centro dell'universo, attirando a sé tutti i corpi.

I dati registrati dagli arabi confermavano le teorie elaborate da molti astronomi europei medievali, come Copernico e Tycho Brahe.

JOSÉ RUIZ WATZECK

astrolabio astronomico

L'ASTRONOMIA EUROPEA NEL MEDIOEVO

Secondo molti autori, non ci furono grandi progressi nella scienza durante il Medioevo, al contrario, molti di loro affermano che la forte presenza della chiesa e la sua persecuzione degli studiosi compromisero tutte le ricerche scientifiche dell'epoca.

Tuttavia, fino alla fine del XV secolo furono presentate numerose scoperte in diversi ambiti della scienza, vale a dire; in fisica, matematica, astronomia e geografia, vari testi che hanno guidato la scienza attuale.

La chiesa controllava tutte le forme di pensiero, attraverso una forte interferenza nell'istruzione, tutti gli insegnanti dovevano essere sacerdoti, coloro che avevano il privilegio di studiare erano solo monaci, frati o novizi.

Era proibito qualsiasi interrogatorio teologico, fisico o spirituale, il forte braccio ecclesiastico era ovunque, avevano molti occhi e molte orecchie.

A quel tempo, per i privilegiati ottenere un titolo accademico, era necessario difendere una tesi, Thesis Defensionis. Indipendentemente dal loro background, tutti gli studenti dovevano sostenere un test scritto e spiegare il loro lavoro, non diversamente da oggi.

Personalmente, come insegnante, accademico e ricercatore, ho sempre detto; "Noi insegniamo nelle scuole del 19° secolo, con insegnanti del 20° secolo per studenti del 21° secolo", dunque, stiamo vivendo la più grande crisi educativa del mondo.

Nel 1615, con l'ascesa al trono di Galileo, la chiesa non adottò alcuna politica di tolleranza nei confronti dei pensatori, la cosa più vicina accettata dai papi fu la tesi di Aristotele sulla Cosmologia in un dibattito nel XIII secolo, opera realizzata nell'anno 380 a.C. Aristotele affermava che l'Universo era immutabile, avendo come conseguenza di essere estremamente antico, il che, in un certo senso, non contraddiceva l'idea di una creazione divina, e di un principio di tutto, brani che si trovano nella Bibbia del libro da Genesi. Da questo punto, pontefici e cardinali accolsero la tesi aristotelica, con il modello della creazione del Primum Mobile[19], dove il geocentrismo e un universo statico sono sempre stati nello stesso posto all'inizio.

Attualmente, ci sono persone che affermano che la Terra è piatta! Una pseudoscienza chiamata terra piatta, termine antiscientifico e negazionista usato per spiegare che la Terra è piatta. Una teoria del complotto, basata su alcuni passaggi biblici con un'interpretazione errata, senza dati a sostegno, senza il consenso della scienza, vive solo nell'immaginazione dei suoi seguaci. Curioso, che già nell'anno 350 aC Aristotele affermasse la sfericità del pianeta.

La scienza astronomica europea medievale, sebbene con un modello come quello della Terra al centro dell'universo, ha contribuito molto ai progressi attuali, questa conoscenza è stata trasmessa di generazione in generazione, attraverso la matematica e la filosofia.

Il calendario moderno che usiamo oggi è stato autorizzato da Papa Gregorio nell'anno 1582, che ha sincronizzato la Settimana Santa con i fenomeni celesti, la formula utilizzata ha richiesto secoli di osservazione.

L'astronomia occupava un posto di rilievo nel curriculum universitario del Medioevo, che era essenzialmente costituito da quattro scienze che presero il nome di Quadrivium: Astronomia, Geometria, Aritmetica e Musica. Nessuno studente universitario, infatti, potrebbe terminare la laurea senza essere valutato in Astronomia.

Nel XIII secolo diversi compendi di astronomia furono tradotti in latino, indipendentemente dalla lingua originale del testo, solitamente Sphera Mundi, da Johannes de Strabosco.[20], utilizzato come libro di testo introduttivo per l'astronomia. Durante il XIII e XIV secolo si tentò di meccanizzare l'astrolabio facendo ruotare i suoi dischi stellari per riprodurre il movimento delle stelle.

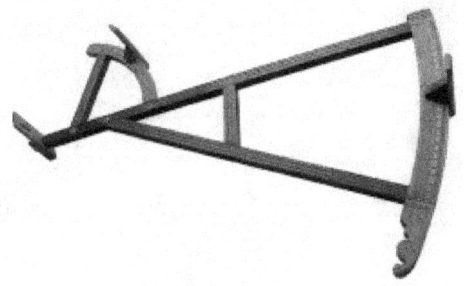

traversa

I risultati non sono stati promettenti, ma hanno portato alla creazione dell'orologio ponderato. Sotto l'influenza degli arabi iniziarono i progressi negli strumenti, con strumenti più leggeri e meno sensibili ai venti, qualcosa di migliorato la navigazione per il periodo di espansione, il quadrante marittimo in legno, l'astrolabio nautico per determinare la latitudine e la traversa. Avendo i suoi inizi nel tardo Medioevo, disegni rivoluzionari che furono migliorati secoli dopo.

Tommaso Bradwardine[21](1290-1349) discusse le caratteristiche di un possibile universo infinito e Nicole de Oresme[22](1320-1382 d.C.) sostenne che la Terra ruota su se stessa, che è l'idea che l'intero universo ruoti intorno alla Terra.

Nicola Cusano difendeva un universo geocentrico infinito in cui, al di là delle sfere cristalline, ci sarebbe stato un universo infinito contenente infiniti soli.

Quadrante

Nonostante teorie controverse, nessuno di questi pensatori ebbe problemi con la chiesa, al contrario, Thomas Bradwardine divenne arcivescovo di Canterbury, e Nicholas of Cusa e Nicole of Oresme divennero vescovi.

astrolabio nautico

I GRANDI PRECURSORI DELLA STORIA

Giordano Bruno nacque nel 1548 nella città di Nola, situata in Italia. figlio unico dei nobili Giovanni Bruno e Fraulissa Savolino, che lo battezzò come Filippo Bruno.

La famiglia riteneva che avesse una vocazione religiosa e, pertanto, fu inviato in un convento nella città di Napoli. Bruno aveva 13 anni e iniziò a studiare Lettere, Logica e Dialettica. A 17 anni cambiò il suo nome in Giordano in occasione della festa dove ricevette l'abito domenicano.

Fu ordinato sacerdote nel 1572 e terminò gli studi teologici nel 1575. Per aver espresso idee diverse dal buon senso, fu accusato di eresia e costretto a lasciare Napoli nel 1576.

Nello stesso anno Giordano Bruno lascia la tonaca e a Ginevra si avvicina al calvinismo. In questa città sarà coinvolto in polemiche, accusato di eresia ed espulso.

Dal 1582 iniziò ad insegnare a Parigi e contemporaneamente venne pubblicata una delle sue prime opere: De Umbris Idearum.

La produzione letteraria di Giordano Bruno si concentra sulla teoria dell'eliocentrismo nel periodo tra il 1583 e il 1585, in Inghilterra. Le sue idee, che corroborano quelle di Nicolaus Copernicus (1473-1543), sono pubblicate come de l'infinito universe e mondi.

Poiché l'ambiente inglese non gli era più favorevole - l'ambasciata francese era stata attaccata per colpa sua - Giordano Bruno andò a Parigi e in seguito tentò di insegnare nelle università tedesche.

In Germania riesce ad insegnare per due anni la filosofia di Aristotele e successivamente ottiene un posto di insegnante nella città di Helmstedt, dove sarà scomunicato dai seguaci del luteranesimo.

Nel 1591 Bruno andò a vivere a Francoforte, dove compose poesie e approfondì gli studi di mnemonica, una tecnica di memorizzazione. Invitato dal nobile Giovanni Mocenigo, si recò a Venezia per dimostrare la mnemonica[23]

Mocenigo, impressionato dall'ingenuità di Bruno, ritiene che il processo di memorizzazione sia magico e lo denuncia alla Santa Inquisizione. Viene arrestato e processato a Venezia. Tuttavia, fu trasferito e processato nuovamente a Roma, ma la sentenza definitiva fu annunciata solo sette anni dopo.

Per alcuni storici Bruno cadde in una trappola tesa dalla Chiesa con l'aiuto del nobile.
L'Inquisizione ha chiesto la totale ritrattazione delle sue teorie. Giordano Bruno sosteneva che l'Universo fosse infinito e incompiuto. Cioè, non è stata l'opera perfetta compiuta da Dio, come postula la Chiesa cattolica.

Il filosofo poneva anche Gesù Cristo come un mago dotato di grandi capacità e non come parte integrante della persona di Dio, insieme allo Spirito Santo.

Interrogato dagli inquisitori, Giordano Bruno ribadì che le sue idee erano filosofiche e non religiose. L'argomentazione non è stata accolta.

Nel 1599, la Chiesa cattolica chiede la ritrattazione di Bruno, che, se lo facesse, sarebbe esente dalla pena di morte. Non accettò di rinnegare il suo pensiero e, per sentenza pronunciata da papa Clemente VIII (1592-1605) sarebbe stato arso vivo.

Per otto giorni prima dell'esecuzione della sentenza, diversi sacerdoti tentarono, senza successo, di convincerlo a ritrattare. Giordano Bruno fu assassinato il 17 febbraio 1600 a Roma.

Filosofia

La filosofia di Bruno reinterpreta il neoplatonismo e Niccolò Cusano.
Per lui, la realtà naturale (esseri materiali) e l'anima cosmica (Dio, esseri spirituali) sono la stessa cosa. La mente di Dio sarebbe in tutte le creature. Ciò che li distinguerebbe sarebbe il modo in cui si presentano.
Questa unione tra la natura e Dio ci fa riflettere sulla questione della finitezza dell'universo. Questo non poteva essere finito e finito, perché Dio stesso è infinito.
Questa filosofia va esattamente contro ciò che il cristianesimo in generale predica, che distingue tra materia e spirito.

pluralismo cosmico

In particolare, stabilisce l'idea della pluralità dei mondi in un momento in cui gli studi indicavano l'universo come una sfera attorno al sole, costituendo così un mondo chiuso.
Giordano Bruno sostiene che ciascuna delle stelle avrebbe un pianeta che le ruoterebbe attorno. Pertanto, la Terra non sarebbe sola nell'universo.
Allo stesso modo, l'universo sarebbe pieno di qualche sostanza che potrebbe essere aria o spirito che sarebbe sempre in movimento. In questo modo rifiuta categoricamente l'idea di un universo statico e gerarchico.
frasi

- "Il mondo è infinito perché Dio è infinito. Come possiamo credere che Dio, essere infinito, abbia potuto limitarsi creando un mondo chiuso e limitato?"

- "Non è fuori di noi che dobbiamo cercare la divinità, poiché è dalla nostra parte, anzi, dentro di noi, più intimamente in noi che in noi stessi".

- "Se guidassi un aratro, pascolassi un gregge,

coltivassi un frutteto, rammendassi un vestito, nessuno mi ascolterebbe, pochi mi osserverebbero, pochi mi censurerebbero e potrei facilmente accontentare tutti, perché mi preoccupo di nutrire l'anima, interessata alla coltivazione. dello spirito e consegnati all'attività dell'intelletto, ecco, quelli presi di mira mi minacciano, quelli osservati mi assalgono, quelli colpiti mi mordono, quelli smascherati mi divorano, e non è uno solo, non sono pochi, sono molti , sono quasi tutti. .

Opere principali
- *l'ombra delle idee*(1582)
- *La Causa, il Principio e l'Uno*(1584)
- *Sull'universo infinito e sui mondi*(1584)
- *Cacciata della bestia trionfante*(1584)
- *la frenesia eroica*(1585)
- *Del triplo minimo e della triplice misura*(1591)
- *La monade, il numero e la figura*(1591)
- *Dell'innumerevole, immenso e inconfigurabile*(1591)

Curiosità

• A Campo de Fiori, dove avvenne l'esecuzione della sentenza, fu eretto un monumento in onore di Giordano Bruno. Il progetto fu completato nel 1889 e l'esecuzione dei lavori fu affidata allo scultore Ettore Ferrari (1845 - 1929).

• La vita di Giordano Bruno è stato tratto in un film nel 1973 e diretto dall'italiano Giuliano Montaldo.

• Nel 2017, la scomparsa di un bambino nello stato di Acre ha sciocato la società brasiliana. Lasciando diversi scritti sulla vita extraterrestre, il ragazzo era un grande ammiratore delle opere di Giordano Bruno.

TYCI BRAHE

Tycho Brahe è conosciuto come il primo astronomo ad applicare efficacemente il concetto di precisione alle sue misurazioni celesti. Nessuno prima di lui si è preso la briga di cercare risultati con artefatti così ben calibrati o di costruire strumenti che fornissero misurazioni affidabili e precise. Inoltre, è stato il primo a realizzare un programma permanente di misurazioni accurate e sistematiche delle stelle, che ha generato una grande quantità di dati su stelle e pianeti.

Particolare degli strumenti di precisione di Tycho Brahe. Museo Tycho Brahe. Notare il filo a piombo al centro e la graduazione delle misure.

Ha fatto uno studio notevole del Sistema Solare, e la nuova mappa del cielo preparata da Brahe e dal suo team, composta da mille stelle, è esattamente questo, un catalogo di 1000 stelle.

E, infine, fu utilizzando i dati planetari di Brahe che Johannes Kepler (1571-1630) arrivò alle leggi che oggi portano il suo nome e che spiegano il movimento dei pianeti attorno al Sole.

Tycho Brahe e Johannes Keplero.

JOHANNES KEPLER

Osservando le orbite planetarie, alla luce dei diversi epicicli ed equanti, Keplero scoprì che non c'era nulla al centro dell'orbita che fosse la genesi del moto. Ecco perché è diventato un convinto centrista.

Keplero era un matematico e credeva che i moti dei pianeti avessero cause fisiche. Per questo osò mettere da parte vecchi pregiudizi, come il movimento dei pianeti in orbite circolari, proprio perché quella era la forma più perfetta e armoniosa di tutte le forme, poiché era stata creata da Dio, che era anche Perfetto.

Convinto che Dio fosse un geometra, Keplero cercò di trovare figure geometriche che potessero spiegare la posizione dei pianeti nell'Universo.
Ha cercato di costruire un sistema basato su solidi geometrici che si adattassero alle "sfere planetarie" a una distanza che consentisse una scala esatta delle distanze planetarie dal Sole.

Credeva che una geometria perfetta dovesse contenere i poliedri regolari conosciuti fin dai tempi dei Greci: tetraedro, cubo, ottaedro, dodecaedro e icosaedro (figura 2). Ha usato il cubo per separare la sfera di Saturno da quella di Giove, il tetraedro per separare la sfera di Giove da quella di Marte, il dodecaedro tra la sfera di Marte e quella della Terra, l'icosaedro tra la sfera della Terra e Venere, e l'ottaedro tra le sfere di Venere e Mercurio. Presentò questo modello (figura 3) nel libro Mysterium, nel 1596.

LA STORIA DELL'ASTRONOMIA

Giovanni Keplero (1620)

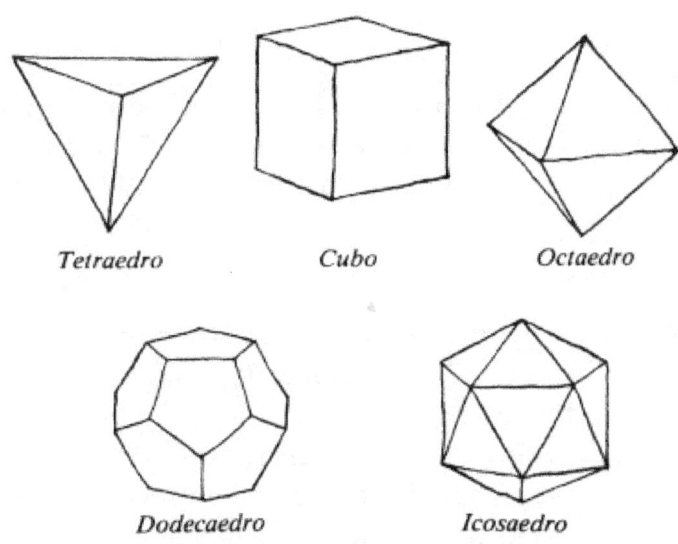

Figura 2 - I cinque poliedri regolari dei pitagorici.

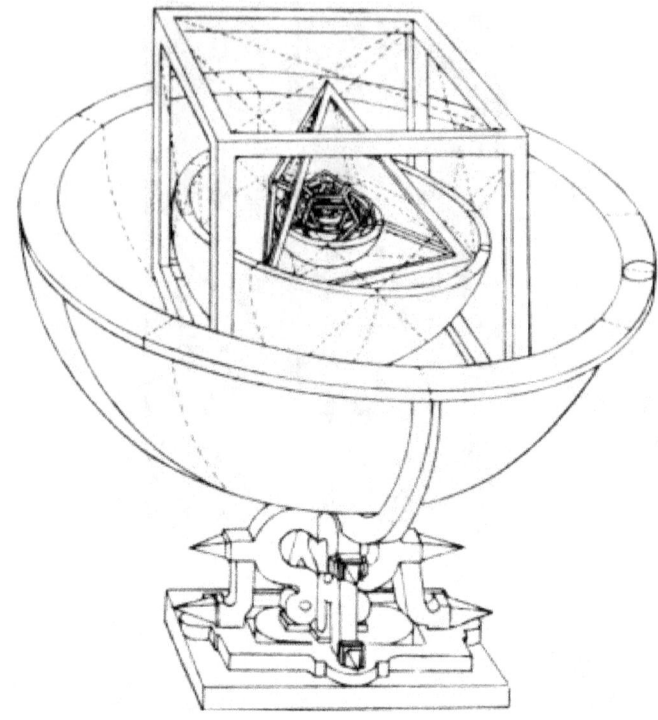

Figura 3 - Il sistema dei mondi che utilizza i poliedri regolari per definire le distanze tra le sfere cristalline.

Keplero fu assunto nel 1600, poco dopo aver pubblicato il libro Mysterium, che attirò l'attenzione di Tycho Brahe. Il suo primo lavoro è stato quello di determinare l'orbita di Marte in modo sufficientemente rigoroso da spiegare il moto retrogrado di questo pianeta.

Nel 1601 Tycho morì e Keplero ereditò tutti i record di osservazione fatti per 20 anni, notte dopo notte, dall'osservatore più sistematico fino ad oggi.
Keplero eredita un insieme di informazioni, posizioni delle stelle, del Sole, della Luna e dei pianeti con una precisione stimata di 1 minuto d'arco, una precisione mai raggiunta prima.
Keplero iniziò studiando le misurazioni della posizione del pianeta Marte, cercando di inserirle in un'orbita circolare attorno al Sole. Poi ha verificato di aver ottenuto scostamenti tra i dati osservativi e il modello, dell'ordine di 8 minuti d'arco.

Questa deviazione di otto minuti d'arco non era un'enorme differenza per l'epoca e sarebbe stata considerata da molti un normale errore di osservazione; ma Keplero era ben consapevole della precisione delle misurazioni di Tycho. Ha concluso, quindi, che il modello dell'orbita circolare non era adattato alla realtà.
Non avendo una teoria per spiegare il movimento dei pianeti, restava da riprovare tutto con orbite diverse!

Fu in questo periodo che Keplero ebbe l'idea di provare prima a capire la forma dell'orbita terrestre, lasciando aperta la questione di Marte.
Dall'analisi delle misure a sua disposizione, ha verificato che l'orbita terrestre somigliava a un cerchio, con il Sole leggermente fuori centro.

Inizialmente egli parte proponendo l'ipotesi di un nuovo equante, e subito la respinge, poiché non ci sarebbe causa per questo tipo di movimento. Sceglie quindi di provare una nuova geometria, cercando una geometria nelle coniche (figura 4).

L'analisi delle registrazioni lo portò a concludere che la forma che meglio si adattava all'orbita dei pianeti era quella di un'ellisse. Eseguì lo stesso tipo di studio per i pianeti Venere, Terra, Giove e Saturno, concludendo sempre che la forma più adatta fosse l'ellisse. Ha anche concluso che in tutti i casi il Sole occupava uno dei fuochi dell'ellisse. Ha poi riassunto le sue conclusioni sotto forma di legge.
Questa è nota come legge delle orbite o prima legge di Keplero:
- I pianeti si muovono in orbite ellittiche con il Sole in un fuoco.

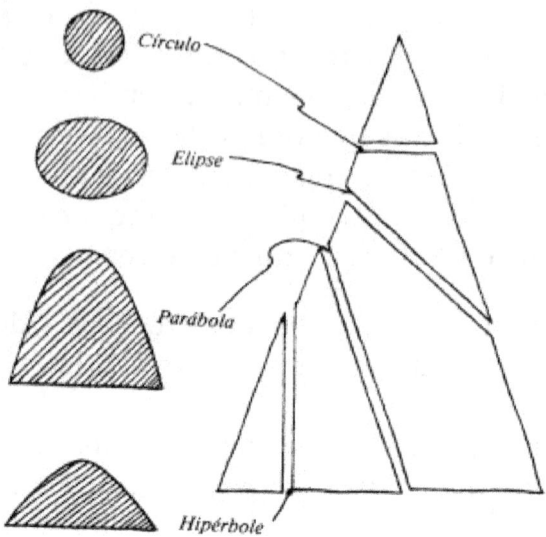

Figura 4 - Coniche. Sono le geometrie ottenute nei tagli che si possono fare in un cono.

Scoprì anche che il movimento della Terra lungo la sua orbita attorno al Sole non era uniforme, più la Terra era vicina al Sole, più velocemente si muoveva. Da questa scoperta nasce la famosa legge delle aree, nota anche come seconda legge di Keplero: la linea che congiunge il Sole con il pianeta in moto spazza aree uguali in intervalli di tempo uguali (figura 5).

Keplero ha trascorso anni cercando di trovare qualcosa che mettesse in relazione l'orbita con la velocità con cui si muoveva il pianeta. Era convinto che qualcosa dovesse collegare tutti i movimenti planetari e che non sarebbero stati accidentali. In altre parole, Keplero pensava che se Marte o un qualsiasi altro pianeta descrivesse la sua orbita ellittica intorno al Sole, a una certa distanza e con una certa velocità, impiegando un certo tempo e non un altro, è perché dietro tutto questo ci sarebbe qualcosa e metterli in relazione.

Secondo resoconti storici, la ricerca di una terza legge lo ha aiutato a sopportare alcune delle disgrazie della sua vita, vale a dire la malattia e la povertà. La terza legge di Keplero, o legge dei periodi, dice quanto segue:

LA STORIA DELL'ASTRONOMIA

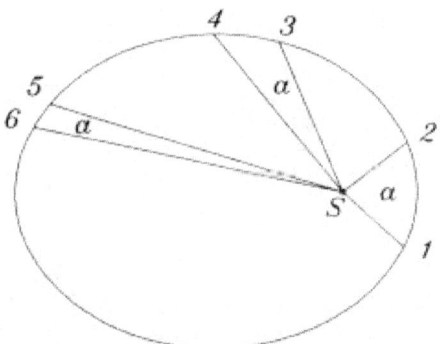

Figura 5 - Seconda Legge di Keplero. Ciascuna delle aree (alfa) viene spazzata nello stesso intervallo di tempo, rendendo la velocità del pianeta al perielio (punto più vicino al Sole) maggiore della velocità all'afelio (punto più lontano dal Sole)..

- I quadrati dei periodi dei pianeti sono proporzionali ai cubi delle loro distanze medie dal Sole.

La terza legge di Keplero può essere espressa come segue: dove k è una costante uguale a tutti i pianeti del Sistema Solare, T è il periodo orbitale e D è il semiasse maggiore dell'orbita del pianeta. Se usiamo il periodo in anni e la distanza in unità astronomiche, il valore della costante è 1.

$$\frac{T^2}{D^3} = k$$

Keplero pubblica queste conclusioni nel libro L'armonia dei mondi (1619), che non riceve molti elogi tra i copernicani.

Newton generalizzerà in seguito la terza legge di Keplero in modo tale da consentirne l'applicazione a qualsiasi corpo in moto orbitale l'uno rispetto all'altro, da pianeti, stelle doppie, galassie, ecc.

GALILEO GALILEI

Galileo di Vincenzo Bonaulti di Galilei, meglio conosciuto come Galileo Galileicominciarono le sue osservazioni con il telescopio, cominciarono finalmente ad apparire argomenti definitivi contro il modello geocentrico. Galileo probabilmente non fu il primo a usare un telescopio per osservare i cieli, onore che probabilmente andò a Thomas Harriot in Inghilterra oa Simon Marius in Germania. Tuttavia, Galileo fece avanzare il telescopio a più di 20 ingrandimenti e presentò i cieli nel libro Sidereus Nuncius in un modo mai visto prima, il risultato di una meticolosa osservazione del cielo per molte notti consecutive.

Galileo conosceva le opere di Keplero, poiché gli erano state inviate personalmente, ma non le commentò mai. Ma come molti altri copernicani, anche Galileo non voleva accettare orbite ellittiche. Accettarlo significherebbe negare il De Revolutionibus Orbium Coelestium che inizia con il teorema "1. L'universo è sferico", e che dice poco dopo: "il movimento dei corpi è uniforme, perpetuo e circolare o composto di movimenti circolari"..

Galileo ha raccolto i risultati delle sue osservazioni nel libro Sidereus Nuncius (figura 1) (Messaggero delle stelle) in cui descrive un cielo pieno di stelle, con la Via Lattea come un numero immenso di ammassi di stelle.
Le osservazioni di Galileo sulla Luna mostrarono che non era sferica e cristallina, ma un corpo imperfetto.

Copertina del libro Sidereus Nuncius.

Figura 2 - Galileo Galilei.

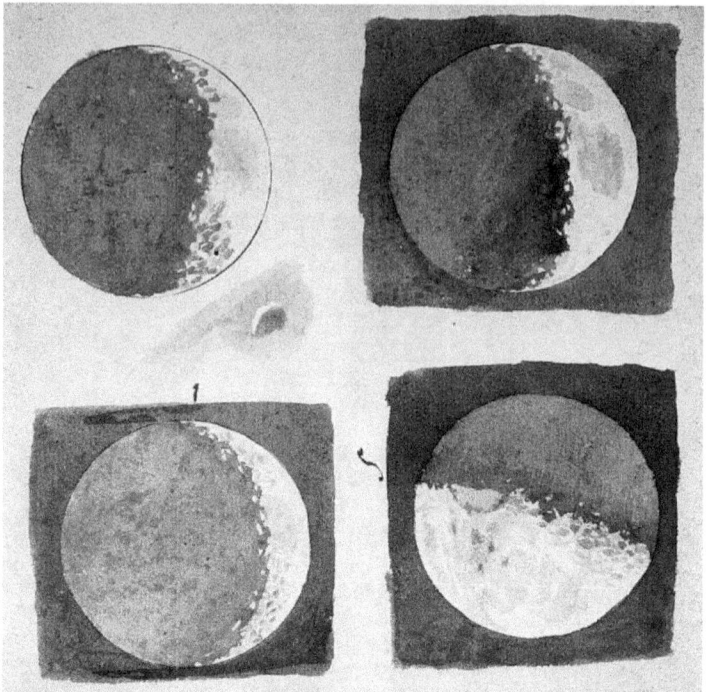

Figura 3 - Disegni della Luna realizzati da Galileo nell'inverno 1609-1610.

Galileo verificò anche, osservando notte dopo notte con il suo telescopio, che il pianeta Giove aveva 4 satelliti (Io, Europa, Ganimede e Callisto) e che gli orbitavano intorno.
Se c'erano corpi in orbita attorno a Giove e non alla Terra, allora non tutti i corpi dovevano orbitare attorno alla Terra.

L'osservazione delle fasi di Venere ha mostrato che Venere non ruotava attorno alla Terra. Infatti, se Venere ruotasse intorno alla Terra, più vicina del Sole, le sue fasi dovrebbero essere identiche a quelle della Luna. Tuttavia, Galileo verificò che quando Venere era nella fase simile alla Luna Nuova, raggiungeva la sua dimensione massima, il che significava che era il più vicino possibile alla Terra, mentre quando avanzava nella fase simile alla Luna Piena, stava diminuendo in taglia. Ciò significava senza dubbio che Venere doveva ruotare attorno al Sole.

LA STORIA DELL'ASTRONOMIA

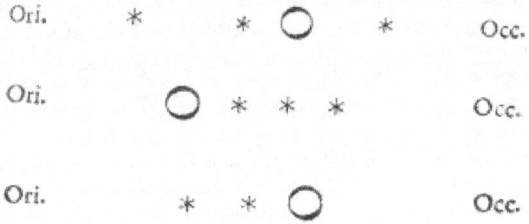

Figura 4 - L'osservazione sistematica delle lune galileiane di Giove ha permesso a Galileo di concludere che si muovevano intorno a lui.

Galileo verificò anche, osservando notte dopo notte con il suo telescopio, che il pianeta Giove aveva 4 satelliti (Io, Europa, Ganimede e Callisto) e che gli orbitavano intorno.

Se c'erano corpi in orbita attorno a Giove e non alla Terra, allora non tutti i corpi dovevano orbitare attorno alla Terra. L'osservazione delle fasi di Venere ha mostrato che Venere non ruotava attorno alla Terra. Infatti, se Venere ruotasse intorno alla Terra, più vicina del Sole, le sue fasi dovrebbero essere identiche a quelle della Luna. Tuttavia, Galileo verificò che quando Venere era nella fase simile alla Luna Nuova, raggiungeva la sua dimensione massima, il che significava che era il più vicino possibile alla Terra, mentre quando avanzava nella fase simile alla Luna Piena, stava diminuendo in taglia. Ciò significava senza dubbio che Venere doveva ruotare attorno al Sole.

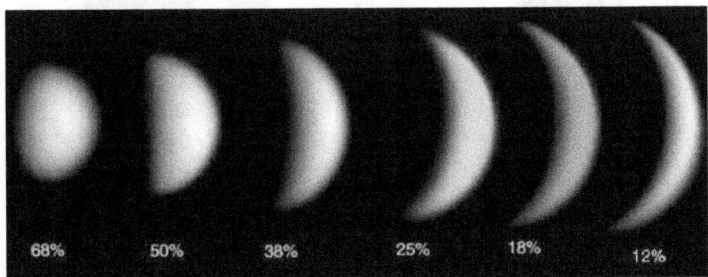

Figura 5 - Fasi di Venere.

Successivamente, Galileo fece anche osservazioni del Sole che mostrarono che non era un corpo cristallino e che ruotava attorno a un asse, con un periodo di rotazione differenziale di circa 25 (all'equatore) a 31 giorni (ai poli).

Il movimento delle macchie solari ha fornito un argomento per dimostrare che il Sole non aveva una struttura cristallina, ma una struttura fluida.
Galileo ha discusso i risultati delle sue osservazioni in un libro intitolato Dialogo sopra i due grandi sistemi dei mondi: tolemaico e copernicano. In esso, i due sistemi sono dibattuti in una serie di discussioni tra tre uomini: Salviati, Sagredo e Simplício. Salviati rappresenta Galileo, Sagredo rappresenta un ascoltatore intelligente e Simplicio un noioso aristotelico. Il libro viene pubblicato a Firenze nel 1632, essendo stato sequestrato dall'Inquisizione, che ordina a Galileo di comparire a Roma.

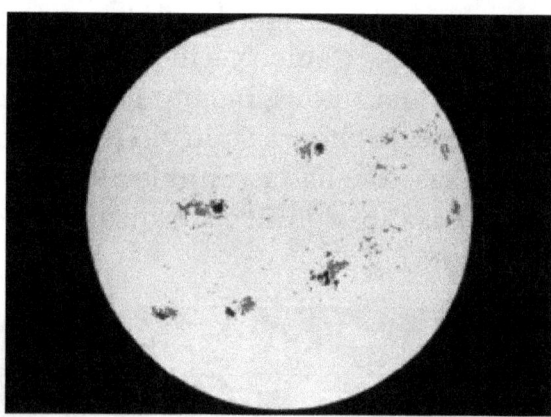

Figura 6 - Magnetogramma del Sole che mostra le regioni con la più alta incidenza di macchie solari.

Nel 1633 fu processato dall'Inquisizione, essendo stato minacciato di tortura in parte del processo se non avesse confessato di essere un eretico. Galileo diceva sempre che dopo che la Congregazione dell'Indice aveva condannato il suo libro, non aveva più difeso l'eliocentrismo. Infine, dopo aver ripudiato la teoria copernicana, fu condannato dai sette cardinali della giuria all'ergastolo. Papa Urbano non venne mai a ratificare il verdetto, forse perché riteneva Galileo più espansivo che eretico. Secondo la leggenda, alzatosi dopo aver rinunciato all'offesa da parte sua, batté il piede per terra dicendo sottovoce: "Eppur si muove!" (Tuttavia, si muove!).

Figura 7 - Copertina del libro Dialogui De Systemate Mundi.

ISACCO NEWTON

La vita di Isaac Newton (figura 1) può essere suddivisa in tre periodi completamente diversi. Il primo è nella sua adolescenza dal 1643 fino alla sua nomina a un incarico universitario nel 1669. Il secondo periodo, dal 1669 al 1687, fu il periodo altamente produttivo in cui fu professore lucasiano a Cambridge, incarico attualmente ricoperto da Stephen Hawking. Il terzo mandato (lungo quasi quanto gli altri due messi insieme) ha visto Newton come un funzionario governativo ben pagato a Londra con poco ulteriore interesse per la ricerca matematica.

Isaac Newton è nato a Woolsthorpe Manor, vicino a Grantham nel Lincolnshire. Sebbene secondo il calendario in uso all'epoca la sua data di nascita fosse il giorno di Natale del 1642, la data del 4 gennaio 1643 è la data corrispondente del calendario gregoriano (il calendario gregoriano non fu adottato in Inghilterra fino al 1752).

Isaac Newton proveniva da una famiglia di contadini, ma non conobbe mai suo padre, chiamato anche Isaac Newton, che morì nell'ottobre del 1642, tre mesi prima della nascita di suo figlio. Sebbene il padre di Isacco possedesse la proprietà e gli animali che lo rendevano un uomo ricco, era analfabeta e non poteva firmare con il proprio nome.

La madre di Isaac, Hannah Ayscough, si risposò con Barnabas Smith, un ministro della Chiesa a North Witham, una città vicina, quando Isaac aveva due anni. Il ragazzo è stato poi lasciato alle cure della nonna Margery Ayscough a Woolsthorpe. Fondamentalmente trattato come un orfano, Isaac non ha avuto un'infanzia felice. Isaac non menziona mai suo nonno, James Ayscough, e il fatto che non abbia lasciato nulla a Isaac nel suo testamento, redatto quando il ragazzo aveva dieci anni, suggerisce che non ci fosse amore perduto tra i due. Non c'è dubbio: Isaac nutriva molto risentimento verso sua madre e il patrigno Barnabas Smith. Esaminando i suoi peccati all'età di diciannove anni, Isaac ha elencato come uno di loro "minacciando di bruciare mio padre e mia madre Smith nella sua casa".

Figura 1 - Isaac Newton

Dopo la morte del suo patrigno nel 1653, Newton aveva una famiglia numerosa composta da sua madre, nonna, fratellastro e due sorellastre. Newton iniziò a frequentare la scuola di grammatica gratuita a Grantham. Sebbene fosse a sole cinque miglia da casa sua, si stabilì con la famiglia Clark a Grantham. Tuttavia, sembra aver mostrato poco delle sue capacità per il lavoro accademico. Un rapporto scolastico lo ha descritto come "pigro" e "distratto". Sua madre, ora una signora di discreta ricchezza e proprietà, pensava che suo figlio maggiore fosse la persona giusta per controllare i suoi affari e le sue proprietà.

Isaac, superato l'esame, fu allontanato dalla scuola, ma dimostrò subito di non avere alcun interesse (né talento) nel controllo della proprietà.

Su richiesta di suo zio, William Ayscough, si decide che Isaac si prepari per l'università, tornando al liceo gratuito di Grantham nel 1660 per terminare gli studi. Questa volta è a pensione con Stokes, il preside della scuola, e sembra che, nonostante i suggerimenti che in precedenza non aveva mostrato qualità accademiche, Isaac deve aver convinto alcuni di quelli intorno a lui che possedeva le capacità per perseguire una carriera accademica. carriera.

Ci sono prove che Stokes abbia anche convinto la madre di Newton a lasciarlo entrare all'università, quindi è probabile che Newton abbia mostrato più abilità nel suo primo mandato di quanto suggerisca il rapporto scolastico.

Non si sa nulla di ciò che Newton imparò in preparazione per l'Università, ma Stokes era un uomo capace e certamente fornì a Isaac una buona preparazione privata. Non c'è nulla che suggerisca che abbia imparato tutta la matematica, ma non possiamo escludere l'ipotesi di Stokes che lo abbia introdotto agli elementi di Euclide "che era perfettamente in grado di insegnare" (sebbene ci siano prove, menzionate di seguito, che Newton non abbia letto ad Euclide). prima del 1663).). Gli aneddoti abbondano sulla sua abilità meccanica, generalmente riferita alla sua capacità di realizzare modelli di macchine, in particolare orologi e mulini a vento. Tuttavia, quando i biografi cercano informazioni su personaggi famosi,

Newton entrò nel college di suo zio, la vecchia Università di Cambridge, il 5 giugno 1661. Era più vecchio della maggior parte dei suoi compagni studenti, ma, nonostante sua madre fosse finanziariamente benestante, entrò come sizar. Un sizar di Cambridge era uno studente che riceveva un'indennità universitaria in cambio di agire come dipendente di altri studenti. Certamente c'è qualche ambiguità nel suo status di sizar, poiché sembra che si associasse con "gli studenti della classe più alta" meglio di altri sizar. È stato suggerito che Newton possa aver avuto Humphrey Babington, un lontano parente, come suo datore di lavoro. Questa ragionevole spiegazione dimostrerebbe che sua madre non lo ha sottoposto inutilmente a lavorare come affermano i biografi.

L'obiettivo di Newton a Cambridge era ottenere una laurea in giurisprudenza. L'istruzione a Cambridge era dominata dalla filosofia di Aristotele, ma al terzo anno di corso era concessa una certa libertà di studio. Newton ha studiato la filosofia di Descartes, Gassendi, Hobbes e in particolare Boyle. Fu attratto dalla meccanica dell'astronomia copernicana di Galileo e studiò anche il sistema di Keplero. Ha raccolto i suoi pensieri in un libro intitolato Quaestiones Quaedam Philosophicae (Alcune questioni filosofiche). È una prova affascinante di come le idee di Newton stessero già prendendo forma intorno al 1664. Il testo inizia con la frase "Platone è mio amico, Aristotele è mio amico, ma il mio migliore amico è la verità", in cui un libero pensatore di scenario avanzato.

Ora è più o meno chiaro come Newton sia entrato nei testi matematici più avanzati del suo tempo. Secondo de Moivre, l'interesse di Newton per la matematica iniziò nell'autunno del 1663, quando acquistò un libro di astronomia a una fiera di Cambridge e si rese conto di non poter comprendere la matematica che conteneva. Mentre cercava di leggere un libro sulla trigonometria, scoprì che gli mancava la conoscenza della geometria e decise di leggere "Gli elementi" di Euclide.

Successivamente è passato alla Clavis Mathematica di Oughtred e alla Géométrie di Cartesio. Lesse la nuova Algebra e geometria analitica di Viète pubblicata nel 1646. Un'altra grande opera di matematica che studiò in questo periodo fu l'opera di Schooten recentemente pubblicata, Geometria a Des Cartes, che apparve in due volumi nel 1659-1661. Il libro conteneva importanti appendici scritte da tre discepoli di Van Schooten, Jan de Witt, Johan Hudde e Hendrick van Heuraet. Newton studiò anche l'algebra di Wallis e sembra che il suo primo lavoro matematico originale sia venuto dallo studio di questo libro. Ha letto il metodo di Wallis per trovare un quadrato di area uguale a una parabola e un'iperbole usando gli indivisibili. Newton prese appunti sulla trattazione delle serie di Wallis, ma preparò anche le proprie dimostrazioni dei teoremi.

Sarebbe facile pensare che le doti di Newton cominciassero a emergere con l'arrivo di Barrow alla sede lucasiana di Cambridge nel 1663. Certamente la data coincide con l'inizio dei profondi studi matematici di Newton. Tuttavia, sembra che la data del 1663 sia solo una coincidenza e che solo pochi anni dopo Barrow riconobbe il genio matematico tra i suoi studenti.

Nonostante alcune prove suggerissero che i suoi progressi non fossero stati particolarmente buoni, Newton si laureò nell'aprile del 1665. Sembrerebbe che il suo genio scientifico non fosse ancora sbocciato, ma lo fece improvvisamente quando una pestilenza chiuse l'Università nell'estate del 1665 ..e dovette tornare nel Lincolnshire. Lì, in un periodo di meno di due anni, quando Newton aveva ancora meno di 25 anni, iniziò a presentare opere rivoluzionarie nei settori della matematica, dell'ottica, della fisica e dell'astronomia.

Mentre Newton era a casa, gettò le basi del calcolo differenziale e integrale, diversi anni prima della loro scoperta indipendente da parte di Leibnitz. Il "metodo delle flussioni", come lo chiamò, si basava sulla sua idea cruciale che l'integrazione di una funzione è semplicemente l'operazione inversa della differenziazione. Rendendo l'analisi della differenziazione un'operazione di base, Newton creò semplici metodi analitici che unificavano molte tecniche separate precedentemente sviluppate per risolvere problemi apparentemente non correlati, come la determinazione di aree, tangenti, lunghezze di curve e massimi e minimi di funzioni. Il Methodis Serierum et Fluxionum di Newton, scritto nel 1671, non fu pubblicato fino a quando John Colson non produsse una traduzione inglese nel 1736.

Quando l'Università di Cambridge riaprì dopo la peste nel 1667, Newton si presentò come candidato per una posizione. In ottobre fu eletto a una posizione di assistente di facoltà al Trinity College ma, dopo aver conseguito la laurea magistrale, nel luglio 1668 divenne professore che gli permise di cenare al tavolo del personale. Nel luglio 1669, Barrow cercò di assicurarsi che gli sviluppi matematici di Newton fossero noti. Inviò il testo di Newton De Analysi a Collins, che viveva a Londra, e gli scrisse che:

> Newton mi ha portato l'altro giorno alcuni fogli, in cui ha fornito metodi per calcolare le dimensioni delle quantità come quello del signor Mercator sull'iperbole, ma molto in generale, e anche sui metodi per risolvere le equazioni, che suppongo ti soddisferanno; e te le invierò nella prossima lettera.

Collins fece conoscere il lavoro di Newton ai principali matematici dell'epoca, quindi l'iniziativa di Barrow portò a un rapido riconoscimento del suo valore. Collins mostrò a Brounker, il presidente della Royal Society, i risultati di Newton con il suo permesso. Successivamente, Newton ha chiesto la restituzione del suo manoscritto, quindi Collins ha potuto riferire il lavoro di Newton solo a Sluze e Gregory, non riuscendo a spiegarlo adeguatamente.

Barrow si dimise da Lucasian nel 1669, raccomandando che Newton, appena 27enne, fosse nominato al suo posto. Dopo questo Newton visitò Londra due volte e incontrò Collins, ma come scrisse a Gregory:

> ... non avendo molta confidenza con lui, non ho pensato di affrettarlo a pubblicare qualcosa.

Il primo lavoro di Newton come lucasiano fu quello di insegnare Ottica nel corso iniziato nel gennaio 1670. Durante i due anni della peste aveva concluso che la luce bianca non è un'entità semplice. Tutti gli scienziati a partire da Aristotele avevano creduto che la luce bianca fosse un'unica entità di base, ma l'aberrazione cromatica in una lente del telescopio convinse Newton del contrario.

Quando fece passare un sottile raggio di sole attraverso un prisma di vetro, controllò lo spettro di colori che si era formato.

Ha sostenuto che la luce bianca è, in effetti, una miscela di diversi tipi di radiazioni che, quando rifratte, hanno angoli di rifrazione leggermente diversi, producendo diversi colori spettrali. Ciò lo portò a concludere che le lenti avrebbero sempre avuto aberrazione cromatica, motivo per cui propose il telescopio riflettore. Nel 1672 Newton fu eletto Fellow della Royal Society dopo che gli fu offerto un telescopio riflettore. Nello stesso anno pubblicò il suo primo articolo su luce e colore nelle Philosophical Transactions della Royal Society. L'articolo fu generalmente ben accolto, ma Hooke e Huygens si opposero al tentativo di Newton di dimostrare, attraverso esperimenti, che la luce è di natura particellare piuttosto che ondulatoria. Questa accoglienza che ha avuto il suo articolo non è stata la migliore per Newton per migliorare il suo atteggiamento nel presentare i risultati del suo lavoro. Era costantemente tirato in due direzioni. Da un lato voleva fama e riconoscimento, ma dall'altro non gli piacevano le critiche e non postare era il modo più semplice per evitarle.

Si può certamente affermare che la sua reazione alle critiche era irrazionale e il suo bisogno di umiliare pubblicamente Hooke per la sua opinione era anormale. Tuttavia, nonostante l'opposizione di Hooke, forse a causa della già alta reputazione di Newton, la teoria corpuscolare avrebbe prevalso fino a quando la teoria delle onde non fosse stata ripresa di nuovo nel XIX secolo.

I rapporti di Newton con Hooke si deteriorarono ulteriormente quando, nel 1675, Hooke affermò che Newton gli aveva rubato alcuni risultati ottici. Sebbene i due uomini abbiano fatto pace dopo un cortese scambio di lettere, Newton si è ritirato in se stesso e si è ritirato dalla Royal Society, poiché considerava

Hooke uno dei suoi leader. Ha ritardato la pubblicazione di un intero corpus di documenti di ricerca sull'ottica fino a dopo la morte di Hooke nel 1703. Il libro Opticks apparve nel 1704. Per spiegare alcuni dei risultati dovette usare una teoria delle onde insieme a una teoria delle particelle.

Tuttavia, il più grande risultato del lavoro di Newton si verifica a livello di fisica e meccanica celeste con la teoria della gravitazione universale. Nel 1666 Newton aveva già da lui versioni preliminari delle tre leggi del moto. Aveva anche scoperto la legge che spiegava la forza centrifuga nel moto circolare uniforme. Tuttavia, la sua interpretazione della meccanica del moto circolare non era ancora corretta. L'idea innovativa di Newton nel 1666 fu di immaginare che la gravità terrestre influenzasse il movimento della Luna, contrastando la sua forza centrifuga. Dalla sua legge della forza centrifuga e dalla terza legge del moto planetario di Keplero, Newton sviluppò la legge dell'inverso del quadrato della distanza. Nel 1679 Newton corrispondeva con Hooke, che gli aveva scritto dicendo: ...

Figura 2 - Isaac Newton analizza la composizione spettrale della luce bianca.

Dopo la corrispondenza con Hooke nel 1679, Newton, a modo suo, trovò la prova che la legge delle aree di Keplero era una conseguenza delle forze centripete e dimostrò anche che se la curva orbitale è un'ellisse sotto l'azione di un centro di forze, allora esiste è una dipendenza della forza dall'inverso del quadrato della distanza dal centro. Questa scoperta fu la conferma della Seconda Legge di Keplero.

Nel 1684, tre membri della Royal Society, Sir Christopher Wren, Robert Hooke e Edmond Halley, stavano discutendo se le orbite ellittiche dei pianeti potessero derivare da una forza gravitazionale verso il Sole inversamente proporzionale al quadrato della distanza. haley ha scritto:

> *Hooke dice di avere la soluzione, ma la nasconderebbe per un po' in modo che altri, provando e fallendo, possano valutare maggiormente la scoperta quando diventa pubblica.*

Nel 1684 Halley chiese a Newton quale sarebbe l'orbita che avrebbe un corpo se fosse sotto l'azione di una forza della legge dell'inverso del quadrato della distanza. Newton rispose immediatamente che sarebbe stata un'ellisse. Sebbene non sia riuscito a trovare i documenti con la demo, ha detto ad Halley di aver risolto questo problema quattro anni prima. Tuttavia, in De Motu si trova solo la prova contraria. La dimostrazione che le forze, obbedendo all'inverso del quadrato della distanza, implicano orbite di sezioni coniche, è scritta in Cor.1 della Prop.13 del Libro 1 dei Principia, ma non nella sua prima edizione.
Tre mesi dopo, Newton inviò ad Halley una dimostrazione della forma delle orbite sottoposte a una forza inversamente proporzionale al quadrato della distanza. Halley convinse Newton a scrivere per lui una trattazione completa della nuova Fisica. Un anno dopo (1687), Newton pubblicò l'opera Philosophiae naturalis principia mathematica o, semplicemente, Principia, come è generalmente nota.

Nel libro Principia, Newton afferma per la prima volta le tre leggi del moto che ora sono note come Leggi di Newton e la cui affermazione (come accettata oggi) è la seguente:

1° Legge (Legge d'Inerzia) - Un corpo rimane fermo o in moto rettilineo uniforme se nessuna forza agisce su di esso o se la risultante delle forze agenti su di esso è nulla;

2a Legge (Legge Fondamentale della Dinamica) - Un'accelerazione è proporzionale alla forza che agisce su un corpo, essendo la massa del corpo la costante di proporzionalità (F=ma);

3° Legge (Legge Azione-Reazione) - Quando un corpo esercita una forza su un altro, il secondo esercita sul primo una forza di uguale intensità, ma di verso opposto.

Principia è riconosciuto come il più potente libro scientifico mai scritto. Newton analizzò il moto dei corpi con e senza attrito sotto l'azione delle forze centripete. I risultati sono stati applicati a corpi orbitanti, proiettili, pendoli e corpi in caduta libera vicino alla Terra. Mostrò anche che i pianeti erano attratti dal Sole con una forza che variava con l'inverso del quadrato della distanza, e generalizzò questa dimostrazione a tutti gli astri attratti l'uno dall'altro.
Il tema centrale dei Principia era l'universalità della forza gravitazionale. Nel libro, Newton afferma la Legge di Gravitazione Universale che afferma che:

> ... tutta la materia attrae ogni altra materia con una forza proporzionale al prodotto delle due masse considerate e inversamente proporzionale al quadrato della loro distanza.

e che può essere scritta nella forma dell'equazione dove m1 e m2 sono le masse dei due corpi che esercitano reciproca attrazione gravitazionale ed r è la distanza tra i centri dei due corpi.

$$F_g = G \frac{m_1 m_2}{r^2}$$

Non è del tutto chiaro come sia arrivato all'Atto in sé, ma si può tentare un approccio dalla seguente demo.

Newton scoprì che l'accelerazione centripeta (accelerazione diretta verso il centro di curvatura) dei corpi era data da $a = v^2/r$, una scoperta osservativa già pubblicata da Christian Huygens.

Associando questa relazione alla seconda legge di Newton, otteniamo che un pianeta di massa m, che si muove intorno al Sole con velocità v in un cerchio di raggio r sarà dato da...

$$F_g = ma = m\frac{v^2}{r}$$

Poiché la circonferenza ha perimetro $2\pi r$, che impiega a percorrere un periodo T, poiché la velocità è la distanza percorsa per intervallo di tempo, abbiamo

$$F_g = m\frac{v^2}{r} = m\frac{\left(\frac{2\pi r}{T}\right)^2}{r} = m\frac{4\pi^2 r^2}{T^2 r}$$

moltiplicando e dividendo per r otteniamo

$$F_g = m\frac{4\pi^2}{r^2} \times \frac{r^3}{T^2}$$

dove r3/T2 è la costante k della 3a legge di Keplero.
Pertanto, per qualsiasi pianeta che ruota attorno al Sole, la forza gravitazionale esercitata dal Sole sarebbe

$$F_g = \frac{4\pi^2 m}{r^2} \times k$$

$$F_g = 4\pi^2 k \frac{m}{r^2}$$

dove m è la massa del pianeta, r è la distanza media del pianeta dal Sole e k è la costante di Keplero per il Sistema Solare.

Moltiplicare e dividere per la massa del Sole (M). si ottiene

$$F_g = \frac{4\pi^2 k}{M} \frac{mM}{r^2}$$

Definizione di costante

$$G = \frac{4\pi^2 k}{M}$$

Siamo arrivati a...

$$F_g = G\frac{mM}{r^2}$$

Come si vede dalla dimostrazione, l'espressione sarebbe valida solo per i corpi in orbita attorno al Sole, poiché la costante G comprende la massa del Sole e la costante di Keplero per i pianeti in orbita attorno al Sole. Newton deve aver pensato che la relazione tra la costante di Keplero per qualsiasi sistema e la massa del corpo centrale sarebbe stata probabilmente, di per sé, costante e avrebbe cercato di generalizzare a tutti i corpi. Ma come e perché?

La leggenda narra che Newton vide cadere una mela nel suo giardino del Lincolnshire e pensò alla forza di attrazione verso la Terra. Pensava che la stessa forza che faceva cadere la mela potesse estendersi alla luna. Conosceva bene il lavoro di Galileo sui proiettili e suggerì che il moto della Luna potesse essere un'estensione naturale di quella teoria. Per capire cosa significa, considera un revolver che spara un proiettile orizzontalmente dalla cima di una montagna e immagina di usare sempre più polvere da sparo, ottenendo ogni volta una velocità iniziale crescente.

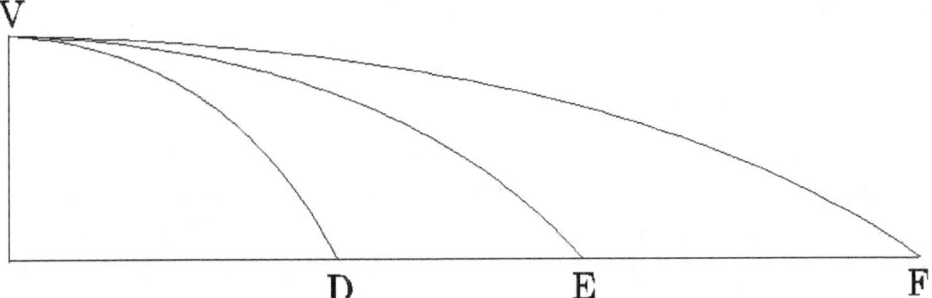

Figura 3 - Traiettoria parabolica di proietti sparati orizzontalmente con diverse velocità iniziali.

Le traiettorie paraboliche diventeranno sempre più piatte, e se immaginiamo che la montagna sia abbastanza alta da trascurare l'attrito e la torretta sia abbastanza potente, "alla fine il punto di caduta sarà così lontano che dovremo considerare la curvatura della Terra , considerando la curvatura della traiettoria, per determinare il punto di caduta". In effetti, la situazione è più drastica, poiché la curvatura della Terra può significare che il proiettile non raggiunge mai il suolo. Questo è stato predetto da Newton nel libro Principia attraverso il seguente diagramma: La cima della montagna V deve essere alta sopra l'atmosfera terrestre e con una velocità iniziale appropriata, il proiettile orbiterà attorno alla Terra in un percorso circolare. Infatti la curvatura della Terra è tale che la superficie "cade",

Come è noto dalla cinetica di Galileo, la distanza verticale percorsa durante la caduta di un ghiaino a partire dalla componente verticale di velocità zero (situazione di riposo o rilascio orizzontale) è data dall'espressione: dove g è l'accelerazione di gravità (circa 10 m /so più di circa 9,8 m/s) e t è il tempo trascorso dall'istante iniziale considerato.

Pertanto, il corpo cade di circa cinque metri nel primo secondo, il che significa che se un proiettile fosse sparato orizzontalmente con una velocità di 8000 m/s, dopo un secondo passerebbe orizzontalmente alla stessa altezza 8 km più avanti, e così Su. , secondo dopo secondo, il che significherebbe che il corpo descriverebbe un'orbita circolare parallela al suolo.

$$y = \frac{1}{2} g t^2$$

Newton concepì che il percorso circolare della Luna poteva essere facilmente spiegato dalla stessa forza gravitazionale che poteva mantenere il precedente proiettile in orbita bassa. Per riflettere su questo concetto, considera la Luna su una traiettoria, partendo da un particolare istante, deviando da una linea orizzontale proprio come il proiettile precedente. La prima domanda è se la Luna cadrà di 5 m nel primo secondo della sua traiettoria. Ciò non era difficile da determinare per Newton, poiché il percorso della Luna era già ben noto. L'orbita della Luna ha un raggio di circa 384.000 km (perimetro) e viene percorsa in 27,3 giorni, quindi la distanza percorsa in un secondo è di circa 1 chilometro, il che implica dai calcoli geometrici che la caduta della Luna rispetto all'orizzontale è circa 1,37 mm. . Il che significa che l'accelerazione di gravità della Luna rispetto a quella che si avverte sulla superficie terrestre è data dal rapporto 5000/1.37, che è circa 3600, cioè l'accelerazione avvertita dalla Luna. è 3600 volte inferiore all'accelerazione avvertita da una mela sulla superficie della Terra. Poiché l'orbita della Luna è circa 60 volte il raggio della Terra, la relazione tra la forza gravitazionale percepita da un corpo sulla superficie terrestre e quella della Luna sembra essere correlata dalla legge dell'inverso del quadrato della Terra. distanza. La costante gravitazionale universale per la Luna che ruota attorno alla Terra assumerebbe la forma con la costante G che assume esattamente lo stesso valore di quella ottenuta sopra per i pianeti che ruotano attorno al Sole. La superficie di s è data dal rapporto 5000/1.37, che è circa 3600, cioè l'accelerazione avvertita dalla Luna. è 3600 volte inferiore all'accelerazione avvertita da una mela sulla superficie della Terra. Poiché l'orbita della Luna è circa 60 volte il raggio della Terra, la relazione tra la forza gravitazionale percepita da un corpo sulla superficie terrestre e quella della Luna sembra essere correlata dalla legge dell'inverso del quadrato della Terra. distanza. La costante gravitazionale universale per la Luna che ruota attorno alla Terra assumerebbe la forma con la costante G che assume esattamente lo stesso valore di quella ottenuta sopra per i pianeti che ruotano attorno al Sole. La superficie di s è data dal rapporto 5000/1.37, che è circa 3600, cioè l'accelerazione avvertita dalla Luna. è 3600 volte inferiore all'accelerazione avvertita da una mela sulla superficie della Terra. Poiché l'orbita della Luna è circa 60 volte il raggio della Terra, la relazione tra la forza gravitazionale percepita da un corpo sulla superficie terrestre e quella della Luna sembra essere correlata dalla legge dell'inverso del quadrato della Terra. distanza. La costante gravitazionale universale per la Luna che ruota attorno alla Terra assumerebbe la forma con la costante G che assume esattamente lo stesso valore di quella ottenuta sopra per i pianeti che ruotano attorno al Sole. Poiché l'orbita della Luna è circa 60 volte il raggio della Terra, la relazione tra la forza gravitazionale percepita da un corpo sulla superficie terrestre e quella della Luna sembra essere correlata dalla legge dell'inverso del quadrato della Terra. distanza. La costante gravitazionale universale per la Luna che ruota attorno alla Terra assumerebbe la forma con la costante G che assume esattamente lo stesso valore di quella ottenuta sopra per i pianeti che ruotano attorno al Sole.

Poiché l'orbita della Luna è circa 60 volte il raggio della Terra, la relazione tra la forza gravitazionale percepita da un corpo sulla superficie terrestre e quella della Luna sembra essere correlata dalla legge dell'inverso del quadrato della Terra. distanza. La costante gravitazionale universale per la Luna che ruota attorno alla Terra assumerebbe la forma con la costante G che assume esattamente lo stesso valore di quella ottenuta sopra per i pianeti che ruotano attorno al Sole.

$$G = \frac{4\pi^2 k}{m_T} \quad \text{com} \quad k = \frac{r_L^3}{T_L^2}$$

In Principia, Newton ha spiegato un'ampia varietà di fenomeni precedentemente non correlati, come le comete, le maree e le loro variazioni, la precessione dell'asse terrestre e il moto della Luna dovuto alla sua perturbazione da parte della gravità del Sole. Newton un leader internazionale nella ricerca scientifica. Gli scienziati dell'Europa continentale non accettarono l'idea dell'azione a distanza e continuarono a credere nel modello cartesiano della teoria dei vortici, secondo la quale ogni corpo celeste induceva intorno a sé delle forze che agivano per contatto. Ciò non ha impedito l'esistenza dell'ammirazione mondiale per la qualità tecnica dell'opera proposta da Newton.

Giacomo II divenne re d'Inghilterra il 6 febbraio 1685. Si era convertito alla Chiesa cattolica romana nel 1669, ma quando salì al trono godette di un forte sostegno sia da parte degli anglicani che dei cattolici. Ci furono, tuttavia, ribellioni con l'intenzione di detronizzare Jaime II, che fecero iniziare a diffidare del re gli anglicani e collocare i cattolici in posizioni chiave nella catena militare. Andò ancora oltre nominando solo cattolici ai posti di giudici e funzionari statali. Ogni volta che un seggio a Oxford o Cambridge diventava vacante, il re nominava un cattolico a quel seggio. Newton era un protestante e si oppose con veemenza a quello che vedeva come un attacco all'Università di Cambridge.
Quando il Re cercò di insistere affinché un monaco benedettino ottenesse un titolo accademico senza dover sostenere esami o test, Newton scrisse al Vice-Cancelliere: "Sii coraggioso e saldo nelle

Leggi e non puoi fallire" (Sii coraggioso e fedele alle Leggi e non puoi fallire e uomo rispettoso della legge che non può sbagliare).

Il vicecancelliere ha seguito la raccomandazione di Newton ed è stato rimosso dall'incarico. Newton ha continuato a protestare contro il caso, preparando documenti che l'Università potrebbe utilizzare in sua difesa. Nel frattempo, molti dei leader britannici avevano chiesto a Guglielmo d'Orange di radunare un esercito per andare in Inghilterra a sconfiggere Giacomo II. Arrivò nel novembre 1688 e James, scoprendo che i protestanti avevano abbandonato l'esercito, fuggì in Francia. L'Università di Cambridge scelse Newton, ora famoso per la sua forte difesa dell'Università, come uno dei suoi due membri nel Parlamento della Convenzione il 15 gennaio 1689. Il Parlamento avrebbe successivamente assegnato la corona a William e Mary quello stesso anno.

A partire dal 1689 la sua attività di ricerca declinò drasticamente. Dopo un esaurimento nervoso, si ritirò definitivamente dalla sua attività di ricercatore nel 1693; il resto della sua vita sarà dedicato alla politica.

Newton fu eletto presidente della Royal Society nel 1703 e fu rieletto anno dopo anno fino alla sua morte. Dalla sua attività di presidente della Royal Society, vale la pena notare il modo in cui affronta la disputa tra lui e Leibnitz per determinare chi fosse il padre del calcolo differenziale. Si dice che Newton abbia nominato una commissione "imparziale", e sia stato lui a scrivere il suo rapporto finale (anche se il suo nome ovviamente non vi compare). Ha anche scritto un articolo di recensione anonimo sull'argomento che è stato pubblicato nelle Philosophical Transactions della Royal Society.

Fu nominato cavaliere (Sir) dalla regina Anna nel 1705, il primo scienziato a ricevere questo onore. Morì il 20 marzo 1727 a Kensington, Middlesex e fu sepolto nell'abbazia di Westminster.

JOSÉ RUIZ WATZECK

ALBERTO EINSTEIN

Albert Einstein (1879-1955) è stato un fisico e matematico tedesco. Si unì ai ranghi dei più grandi geni dell'umanità quando sviluppò la Teoria della Relatività.
Stabilì la relazione tra massa ed energia e formulò l'equazione che divenne la più famosa al mondo: $E = mc^2$. Ha ricevuto il premio Nobel per la fisica per le sue scoperte sulla legge degli effetti fotoelettrici.

Albert Einstein nasce a Ulm, in Germania, il 14 marzo 1879. Figlio di un piccolo industriale ebreo, nel 1880 si trasferisce con la famiglia nella città di Monaco. All'età di sei anni, incoraggiato dalla madre, inizia lo studio del violino. All'inizio eccelleva nello studio della fisica, della matematica e della filosofia. Dopo gli studi secondari a Ulm, entrò al Politecnico di Zurigo, in Svizzera, dove nel 1900 si laureò in Fisica.

Nel 1901 scrisse il suo primo articolo scientifico "L'indagine sullo stato dell'etere in un campo magnetico". Nel febbraio dello stesso anno ha ricevuto la cittadinanza svizzera. Ha accettato un posto presso l'ufficio brevetti di Berna. Il 6 gennaio 1903 sposò Mileva Maric, dalla quale ebbe tre figli.

Nel 1905, l'anno in cui completò il dottorato, Einstein pubblicò quattro articoli scientifici, ciascuno con una scoperta importante nel campo della fisica:
- Nella prima ha svolto un'analisi teorica del moto browniano, prodotto dall'urto di particelle in un liquido su corpi microscopici introdotti in esso.
- Nella seconda formulò una nuova teoria della luce, con l'importante concetto di fotone, basata sulla teoria quantistica proposta nel 1900 dal fisico Max Planck.

- Nella terza ha presentato la formulazione iniziale della teoria della relatività.
- Nella quarta opera propone una formula per l'equivalenza tra massa ed energia, la famosa equazione algebrica: ($E = mc^2$). Ciò significa che l'energia è uguale alla massa moltiplicata per la velocità della luce al quadrato.

Il 25 novembre 1915 salì sul palco dell'Accademia delle scienze prussiana e dichiarò di aver completato la sua esauriente ricerca decennale per una nuova e più profonda comprensione della gravità. La Teoria della Relatività Generale, affermò Einstein, era pronta.

Nel saggio dedicato alla relatività intitolato "Movimento elettrodinamico dei corpi", Einstein afferma che spazio e tempo sono valori relativi e non assoluti, contrariamente a quanto si credeva fino ad allora. Afferma che la velocità massima dell'universo è quella della luce e aggiunge: "Per un corpo che si muove a quella velocità, il tempo si dilaterebbe, mentre lo spazio si contrarrebbe.

In questo modo il corpo rimasto fermo invecchierebbe rispetto all'altro corpo, in movimento.
La visione radicalmente nuova delle interazioni tra spazio, tempo, materia, energia e gravità è stata riconosciuta come una delle più grandi conquiste intellettuali dell'umanità.

Nel 1919 Einstein divenne famoso in tutto il mondo, dopo che la sua teoria fu dimostrata in un esperimento effettuato durante un'eclissi solare. Nel 1921 Albert Einstein ricevette il "Premio Nobel per la fisica" per i suoi contributi alla fisica teorica, e in particolare per la scoperta della legge dell'effetto fotoelettrico.

Il 10 novembre 1922, durante la cerimonia del Premio Nobel per la Fisica, Einstein era in Giappone e non poté riceverlo di persona. Era rappresentato alla cerimonia di consegna dall'ambasciatore tedesco in Svezia.

Albert Einstein iniziò a viaggiare per il mondo per esporre le sue teorie fisiche e anche per discutere questioni come il razzismo e la pace nel mondo. Il 4 maggio 1925 arrivò a Rio de Janeiro, allora capitale del Brasile, ricevuto dal presidente Artur Bernardes.

Tra gli altri appuntamenti, ha visitato l'Orto Botanico, l'Osservatorio Nazionale, il Museo Nazionale e l'Istituto Oswaldo Cruz. Nel 1932 lasciò Berlino per visitare la California, sapendo che il nazismo avrebbe presto controllato tutta la Germania.

Nel 1933, Albert Einstein si dimise dai suoi incarichi in Germania, dove i nazisti erano già al potere, e andò in esilio negli Stati Uniti. Ha poi continuato a insegnare all'Institute for Advanced Study della Princeton University, di cui sarebbe diventato direttore.

Nel 1939, preoccupato per lo sviluppo delle armi nucleari, lo scienziato scrisse una lettera al presidente Franklin Roosevelt sul pericolo che la Germania si fosse spinta troppo oltre nello scoprire le possibilità dell'energia nucleare. Poco dopo, il capo di stato americano ha avviato il progetto Manhattan. Nel 1940 Einstein ricevette la cittadinanza statunitense. Sei anni dopo, il 6 agosto 1945, una bomba atomica fu sganciata sulla città giapponese di Hiroshima, devastando seicento isolati. Pochi giorni dopo un'altra bomba è stata sganciata sulla città di Nagasaki.

Dopo la seconda guerra mondiale, Einstein si unì ad altri scienziati che stavano combattendo per impedire un ulteriore uso della bomba. Ha istituito un'organizzazione mondiale per il controllo delle armi atomiche.
Albert Einstein morì a Princeton, negli Stati Uniti, il 18 aprile 1955.

Teoria della felicità

Nel novembre 1922, Albert Einstein era in tournée in Giappone, tenendo conferenze e soggiornando all'Imperial Hotel di Tokyo. Invece di dare la mancia al fattorino, lo scienziato gli ha dato due note scritte a mano che spiegavano come raggiungere la felicità e le ha consegnate al caricatore.

Una nota scritta sulla carta intestata dell'hotel recita: "Una vita semplice e tranquilla porta più gioia della ricerca del successo in costante irrequietezza". L'altra nota, scritta su carta semplice, recita: "Dove c'è un desiderio, c'è un modo".

I fogli manoscritti, in cui Albert Einstein spiega come ottenere una vita felice, che erano in possesso di un parente del portiere dell'hotel, sono stati battuti il 24 ottobre 2017, presso la casa d'aste Winner, per 1,56 milioni di dollari.

CITAZIONI DI ALBERT EINSTEIN

- "L'unico scopo dell'istruzione dovrebbe essere quello di preparare le persone a pensare e ad agire come persone, indipendenti e libere".
- "Se la mia teoria della relatività si rivela corretta, la Germania affermerà che sono un tedesco, mentre la Francia affermerà che sono un cittadino del mondo. Ma se la mia teoria fallisce, la Francia si ricorderà che sono tedesco e la Germania si ricorderà che sono ebreo".
- "Il grande problema dell'umanità non è nel dominio della scienza, ma nel dominio dei cuori e delle menti umane".
- "La vita è un divenire ininterrotto, mai un essere puro e causale."

NICOLA TESLA

Nikola Tesla (1856-1943) è stato un inventore austro-ungarico, nato a Smiljan (Impero austro-ungarico), nell'odierna Croazia, che ha lasciato importanti contributi allo sviluppo delle più importanti tecnologie degli ultimi secoli, come la radio trasmissione. , robotica, controllo remoto, radar, fisica teorica e nucleare e informatica.

Tesla nacque nella città di Smiljan, durante l'impero austro-ungarico, nell'attuale Croazia, il 10 luglio 1856. Figlio di un prete ortodosso, fin da giovane fu addestrato dal padre a sviluppare la memoria. e ragionando sua madre discendeva da una famiglia di inventori. Durante la sua infanzia ha detto di aver visto lampi di luce che sono apparsi davanti ai suoi occhi.

Nel 1873 iniziò a studiare ingegneria elettrica al Politecnico di Graz, in Austria, dove studiò principalmente fisica e matematica. Nel 1880 si laureò all'Università di Praga. Nel 1881 entrò a far parte della compagnia telefonica di Budapest, dove iniziò la sua carriera come ingegnere elettrico.

Nel 1882 Tesla scoprì il campo magnetico rotante, principio fondamentale della fisica e base di tutti i dispositivi che utilizzano correnti alternate. Nello stesso anno, ha lavorato presso la Continental Edison Company a Parigi. Due anni dopo fu invitato a lavorare presso lo studio di Thomas Edison (1847-1931) a New York, dove si trasferì.

Le divergenze di opinione tra Tesla e Thomas Edison, sulla corrente continua, furono la ragione del disaccordo tra loro. Tesla aveva creato strumenti per rendere praticabile l'uso della corrente alternata, un modo efficiente per trasmettere energia su lunghe distanze, ma pericoloso in caso di incidente. Edison, che basava le sue tecnologie sulla corrente continua, era contrario alla "corrente assassina" di Tesla. La corrente alternata di Tesla è ciò che scorre sui cavi ad alta tensione del pianeta oggi.

Le ricerche e le scoperte di Tesla sono di grande importanza per l'ingegneria elettrica e la radioelettricità. In tutto, Nikola Tesla ha depositato circa 40 brevetti negli Stati Uniti e più di 700 in tutto il mondo. Le sue invenzioni si concentrarono sull'uso dell'elettricità e del magnetismo, tra cui: la lampada fluorescente, il motore a induzione (utilizzato nelle industrie e in vari elettrodomestici), il telecomando, la bobina di Tesla, la trasmissione radio, il sistema di accensione utilizzato nelle automobili. avviatori, corrente alternata, ecc.

È stato attraverso nuove apparecchiature progettate da Tesla che è stato istituito il sistema per generare e sfruttare la potenza delle Cascate del Niagara.

Tra le strane invenzioni di Nikola Tesla c'è una macchina sismica, il suo piano era quello di trasmettere elettricità attraverso la crosta terrestre, in modo che una lampadina potesse essere accesa in qualsiasi punto del pianeta semplicemente conficcandola nel terreno. Tesla è fallita quando ha bruciato la centrale elettrica e ha dovuto pagare un grosso risarcimento.

Nel 1894, Nikola Tesla ricevette una laurea honoris causa dalla Columbia University e la medaglia Elliot Cresson dal Franklin Institute. Nel 1912, Tesla rifiutò di condividere il Premio Nobel per la Fisica con Edison, che finì per andare a un altro ricercatore. Nel 1934 ricevette la medaglia John Scott dalla città di Filadelfia per il suo sistema di alimentazione polifase. Nikola è stato membro onorario della National Electric Light Association e membro dell'American Association for the Advancement of Science.

Per molti anni, l'hotel Waldorf Astoria di New York è stato la residenza di Nikola quando era all'apice del suo potere finanziario e intellettuale. Negli ultimi dieci anni della sua vita ha risieduto al New Yorker Hotel, dove è deceduto.
Nikola Tesla morì a New York, negli Stati Uniti, il 7 gennaio 1943.

Citazioni di Nikola Tesla

- Se vuoi scoprire i segreti dell'Universo, pensa in termini di energia, frequenza e vibrazione.
- Non credo esista emozione più intensa per un inventore che veder funzionare le sue creazioni. Queste emozioni ti fanno dimenticare di mangiare, dormire, tutto.
- La comprensione reciproca sarebbe molto facilitata dall'uso di una lingua universale (l'esperanto).

CITAZIONI BIBLIOGRAFICHE

- Calcolo/ Munem, Mustafa, Foulis, David – Volume 1 – Rio de Janeiro – LTC- Livros Técnicos e Científicos, Editora SA

- Geometria Analitica / Steinbruch, Alfredo, Winterle, Paulo. – 2a edizione – San Paolo: McGraw-Hill,1987

_____.
Mysterium cosmographicum, In CASPAR, M. & von DYCK, W. (a cura di) Gesammelte Werke, Monaco di Baviera, 1938, v. 1 p. 1-80.
MOURÃO, R.
    ab I documenti mostrano il lato religioso di Isaac Newton, prevedono la data dell'apocalisse. L'Associated Press (19 giugno 2007). Pagina visitata il 1 agosto 2007.

L'evoluzione della fisica. 3a ed. Rio de Janeiro: Zahar. FOURZ, Gerardo. La costruzione delle scienze: un'introduzione alla filosofia e all'etica della scienza. São Paulo: Editora da Universidade Estadual Paulista, 1995. FUKE, Luiz Felipe. Fisica per la scuola media, volume 1. 1a edizione – São Paulo: Saraiva, 2010.
In Harmony of the World: The Adventures and Disadventures of Johannes Kepler, la sua astronomia mistica e la soluzione del mistero cosmico, secondo le reminiscenze del suo maestro Michael Maestlin. 1a edizione – San Paolo: Companhia das Letras, 2006.

Un tempo e tempi e la divisione del tempo: Isaac Newton, l'Apocalisse e il 2060 d.C. isaac-newton.org.

BARROCAS, RLL Giordano Bruno nella prospettiva di un restauro. Disponibile in <http://www.repositorio.ufc.br/ri/bitstream/riufc/11252/1/2002_art_rllbarrocas.pdf>.

BRAHE, T. Sur des phénomènes plus récents du monde éthéré.

Bruno Giordano - Le Furie Eroiche Pdf(60587) Disponibile in <http://ebiblioteca.org/?/ver/60587>.

CHATEL, P. O castelo das estrelas. San Paolo, Edusp, 1990.

CHRISTIANSON, JR & BRAHE, Trattato tedesco della cometa di T. Tycho Brahe del 1577: uno studio di scienza e politica. Iside, 70, 1, p. 110-40, 1979.

Cohen, Bernardo. La nascita di una nova fisica. EDART – San Paolo – Livraria Editora LTDA. 1967.

CROSBY, AW Una misurazione della realtà, una quantificazione nella società occidentale 1250-1600. San Paolo, Unesp, 1997.

Dizionario enciclopedico di astronomia e astronautica, Rio de Janeiro, Nova Fronteira, 1995.

DOCA, Ricardo Hélou. Fisica 1. 1a edizione – San Paolo: Saraiva, 2010. EINSTEIN, A. e INFELD, L., (1976).

> Mentre Newton era in vita, in Europa venivano usati due calendari: il giuliano in Gran Bretagna e nelle parti settentrionali e orientali dell'Europa, e il gregoriano, usato nell'Europa cattolica romana (istituito nel 1582 ma adottato in Inghilterra solo dopo il 1752). Alla nascita di Newton, le date del calendario gregoriano erano dieci giorni avanti rispetto al giuliano; Allo stesso modo, Newton nacque il giorno di Natale, il 25 dicembre 1642 del calendario giuliano, ma non il 4 gennaio 1643 del calendario gregoriano. Já al momento della sua morte, la differenza tra i giorni tra i suoi calendari passava per undici giorni. Alcuni autori ritengono che Newton sia nato il 25 dicembre in concomitanza con la data della morte di Galileu ei suoi ammiratori ritengono che sia stato un regalo di Natale per l'umanità.

GIORDANO, Marcello. Visioni della scienza e della scienza tra gli studenti delle scuole superiori. São Paulo, Revista Química na escola nº15, p.11-18, maggio 2002.

GLEISER, Marcello. La danza dell'Universo: due miti della creazione fino al Big Bang. 2a edizione – São Paulo: Companhia das Letras, 1997. GLEISER, Marcelo.

GONÇALVES FILHO, Aurélio. Fisica e realtà: volume didattico medio 1. 1a edizione – São Paulo: Scipione, 2010.

GONÇALVES FILHO, Aurélio. Fisica, volume unico: ensino médio. 1a edizione – San Paolo: Scipione, 2005.
Gutenberg. Disponibile in <http://blogdogutemberg.blogspot.com.br/2008/03/giordano-bruno-e-seus-furores-3.html>.

HANSON, NR, 1985, Costellazioni e congetture. Madrid: Alleanza universitaria.

In CHATEL, P. O castelo das estrelas. São Paulo, Edusp, 1990, p. 7-18, (Lavoro introduttivo al lavoro). _____.

Infedeli, liberi pensatori, umanisti e miscredenti –

Newton, Sir Isaac (1642-1727) (in inglese). Gli infedeli.
Isaac Newton (1643 - 1727) (in inglese). Figure storiche della BBC.
    Isaac Newton, i primi passi a scuola. UNICAMP.

KEPLERO, J. Nuova astronomia. In CASPAR, M. & von DYCK, W. (a cura di) Gesammelte Werke, Monaco di Baviera, 1937, v. 3, p. 5-424.

Livre second [des progymnasmata]. Parigi, A. Blanchard, 1984.

I traria manoscritti di Isaac Newton risalenti all'apocalisse.

MEIRELLES, Luiz. Giordano Bruno: questões sobre o homem, o mundo eo universo. Disponibile in <http://www.paradigmas.com.br/index.php/revista/edicoes-01-a-10/edicao-10/200-giordano-bruno-questoes-sobre-

o-homem-o-mundo-eo- universo>.

Newton batte Einstein nei sondaggi di scienziati e pubblico (in inglese). La Società Reale.

NEWTON, Isacco. Principia, Libro III. Filosofia della natura di Newton: selezioni dai suoi scritti su di lui. New York: HS Thayer, Hafner Library of Classics: 1953, (inglese).

Nova: Gli oscuri segreti di Newton (in inglese).

RF Tycho Brahe e il sostegno ufficiale di due governi per la scienza.

ROSA, Carlos Augusto de Proença. História da ciência: o pensiero scientifico e scienza nel XIX secolo / Carlos Augusto de Proença. — 2a ed. — Brasilia: FUNAG, 2012.

Temi di storia e filosofia della scienza nell'insegnamento / Luiz OQ Peduzzi, André Ferrer P.

Martins e Juliana Mesquita Hidalgo Ferreira (Org.). – Natale: EDUFRN, 2012.

---

[1] In astronomia e navigazione, un'effemeride è una tavola astronomica in cui, a intervalli di tempo regolari, viene registrata la posizione relativa di una stella.

[2] I menhir si caratterizzano per essere singoli monoliti di forma allungata o ovoidale e incassati nel terreno in posizione verticale. I cromlech sono gruppi di menhir, ascendenti a dozzine, disposti in ellissi, cerchi, semicerchi o rettangoli,

e che costituiscono un recinto aperto o chiuso.

[3] Orione è una delle ottantotto costellazioni moderne. Il genitivo, usato per formare i nomi delle stelle, è Orionis. Si trova sull'equatore celeste e, quindi, è visibile praticamente in tutte le regioni abitate della Terra.

[4] Tradotto dall'inglese-Enuma Anu Enlil, abbreviato EAE, è una vasta serie di 70 tavolette che trattano dell'astrologia babilonese.

[5] Una stella circumpolare è una stella che, vista da una certa latitudine sulla Terra, non tramonta mai, cioè non scompare mai sotto l'orizzonte per la sua vicinanza a uno dei poli celesti.

[6] Il termine mondo, cultura o civiltà greco-romana, quando usato come aggettivo, come inteso da studiosi e scrittori moderni, si riferisce a regioni geografiche e nazioni che erano culturalmente direttamente e intimamente influenzate dalla lingua, dalla cultura, dal governo e dalla religione. dei Greci e degli antichi Romani.

[7] Talete di Mileto era un antico filosofo, matematico, ingegnere, uomo d'affari e astronomo greco, considerato da alcuni il primo filosofo occidentale. Di origine fenicia, nacque a Mileto, antica colonia greca in Asia Minore, l'attuale Turchia. Thales è chiamato come uno dei sette saggi dell'antica Grecia.

[8] Anassimandro era un geografo, matematico, astronomo, politico e filosofo presocratico. Discepolo di Talete, seguì la scuola ionica. I rapporti dossografici ci dicono che scrisse un libro intitolato "Sulla natura"; tuttavia, questo lavoro è andato perduto.

[9] Empedocle era un filosofo e pensatore greco presocratico e cittadino di Agrigento, in Sicilia. È noto per essere il creatore della teoria cosmogenica dei quattro elementi classici, che in un modo o nell'altro influenzò il pensiero occidentale fino quasi alla metà del XVIII secolo.

[10] Platone era un filosofo e matematico del periodo classico dell'antica Grecia, autore di numerosi dialoghi filosofici e fondatore dell'Accademia di Atene, la prima istituzione di istruzione superiore nel mondo occidentale.

[11] Aristotele era un filosofo greco durante il periodo classico nell'antica Grecia, fondatore della scuola peripatetica e del Liceo, oltre che allievo di Platone e maestro di Alessandro Magno.

[12] Eudosso era un astronomo, matematico e filosofo greco. Ha viaggiato in Egitto, da dove avrebbe riportato il calcolo più accurato dell'anno solare che ha introdotto in Grecia. Il valore da lui assegnato era di 365 giorni e 1/4, valore adottato dal calendario giuliano. Ha vissuto quasi sempre nella sua città natale, dove ha fondato una scuola e un osservatorio.

[13] Claudio Tolomeo, o semplicemente Tolomeo o Tolomeo, era uno scienziato greco che viveva ad Alessandria, una città dell'Egitto. È riconosciuto per il suo lavoro in matematica, astronomia, geografia e cartografia. Ha anche svolto un lavoro importante in ottica e teoria musicale.

[14] La Biblioteca di Alessandria è stata una delle biblioteche più importanti e famose e uno dei più grandi centri di produzione di conoscenza dell'antichità.

[15] Era un astronomo e matematico arabo con sede nel territorio dell'attuale Siria che fu uno dei principali esponenti della cosiddetta astronomia e matematica islamica. Si dedicò anche all'ingegneria e all'invenzione di vari strumenti.

[16] Alhazem era un matematico, fisico e astronomo persiano. Nacque nel 965 a Bassora e morì nel 1040 nella città del Cairo. Fu un pioniere negli studi di ottica, dopo Tolomeo. Fu uno dei primi a spiegare il fenomeno dei corpi celesti all'orizzonte.

[17] Arzaquel, era un costruttore di strumenti e uno dei leader nella teoria e nella pratica dell'astronomia islamica del suo tempo. Sebbene il suo nome sia convenzionalmente indicato come al-Zarcali, è probabile che sia la forma corretta.

[18] Era un astronomo dalla Persia. Ha scritto il Libro delle stelle fisse nel 964, dove ha registrato la più antica registrazione della vista delle Nubi di Magellano, visibili da sud di Lêmen.

[19] Nell'astronomia classica, medievale e rinascimentale, il Primum Mobile era la sfera più esterna del modello geocentrico dell'universo.

[20] Era un matematico, monaco cattolico e astronomo, professore all'Università di Parigi e autore dell'opera medievale Tractatus de sphaera.

[21] Era un filosofo inglese del XIV secolo, avvocato all'Università di Oxford e precursore della ricerca scientifica e dell'introduzione della matematica come metodo fondamentale per essa, seguendo la linea creata da Robert Grossateste.

[22] Fu economista, matematico, fisico, astronomo, filosofo, psicologo e musicologo. Anch'egli studiò teologia a Parigi, diventando in seguito direttore finanziario dell'Università di Parigi, poi canonico e infine supervisore religioso di Rouen. Nel 1370 fu nominato ministro del re Carlo V e lo consigliò in questioni finanziarie.

[23] Tecnica per sviluppare la memoria e memorizzare le cose, che utilizza esercizi e insegna trucchi, come associare idee o fatti difficili da memorizzare con altri più semplici o più familiari, combinazioni e disposizioni di elementi, numeri, ecc.;

INFORMAZIONI SULL'AUTORE

José Ruiz Watzeck

Giornalista, scrittore, autore, geografo, matematico, professore, neuropsicopedagogista, specialista nell'insegnamento superiore, laureato in Auditing, Management e Licenze ambientali, laureato in Geoprocessing e Georeferenziazione, pedagogista.

www.ingramcontent.com/pod-product-compliance
Lightning Source LLC
Chambersburg PA
CBHW050243220526
45465CB00002B/532